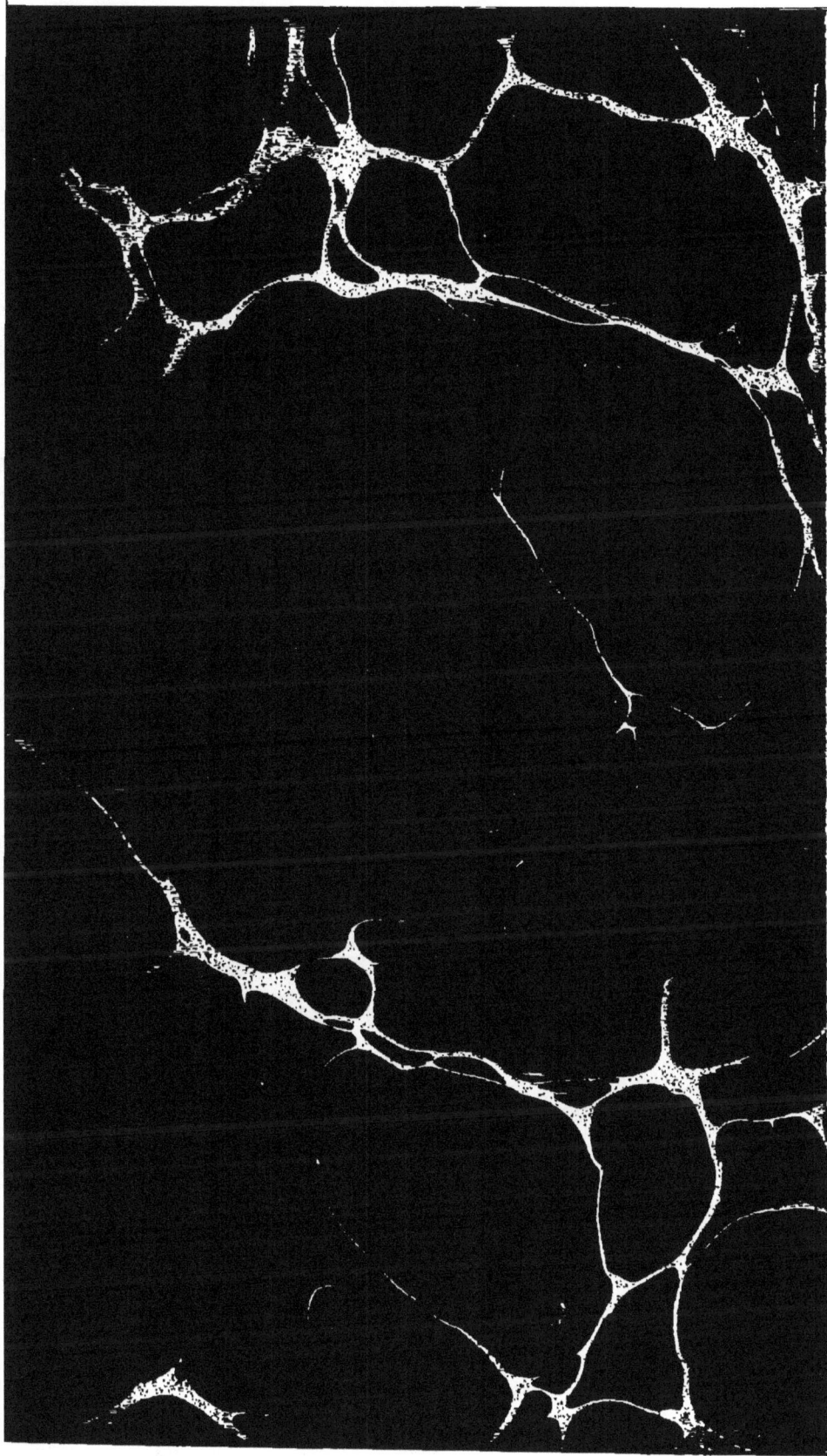

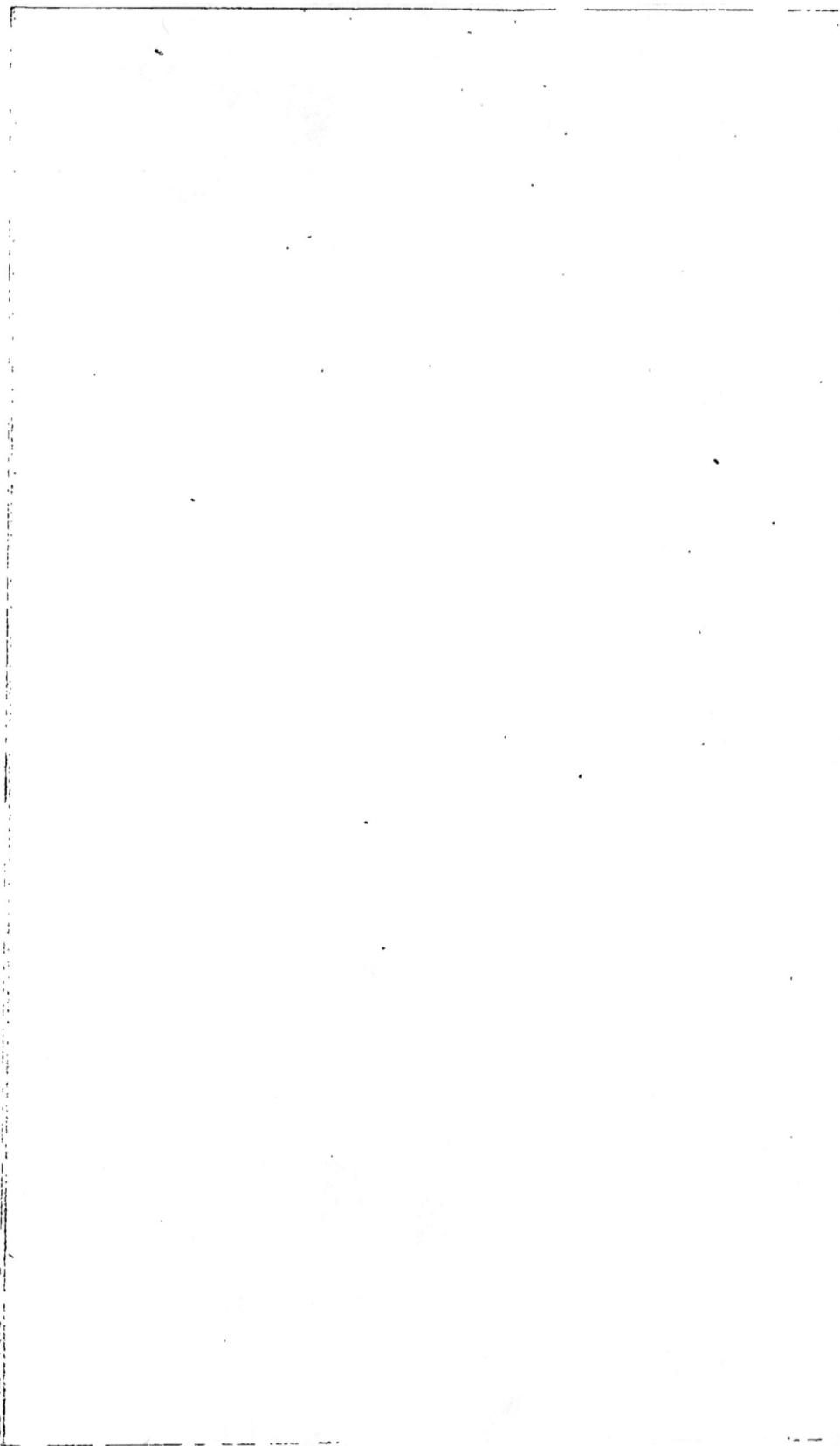

MES

CHASSES AU LION

PARIS. — IMP. SIMON RAÇON ET COMP., RUE D'ERFURTH, 1.

F. CHASSAING

MES CHASSES

AU LION

PRÉFACE DU COMMANDANT P. GARNIER

DESSINS DE MARTINUS

PARIS

E. DENTU, ÉDITEUR

LIBRAIRE DE LA SOCIÉTÉ DES GENS DE LETTRES

PALAIS-ROYAL, 17 ET 19, GALERIE D'ORLÉANS

1865

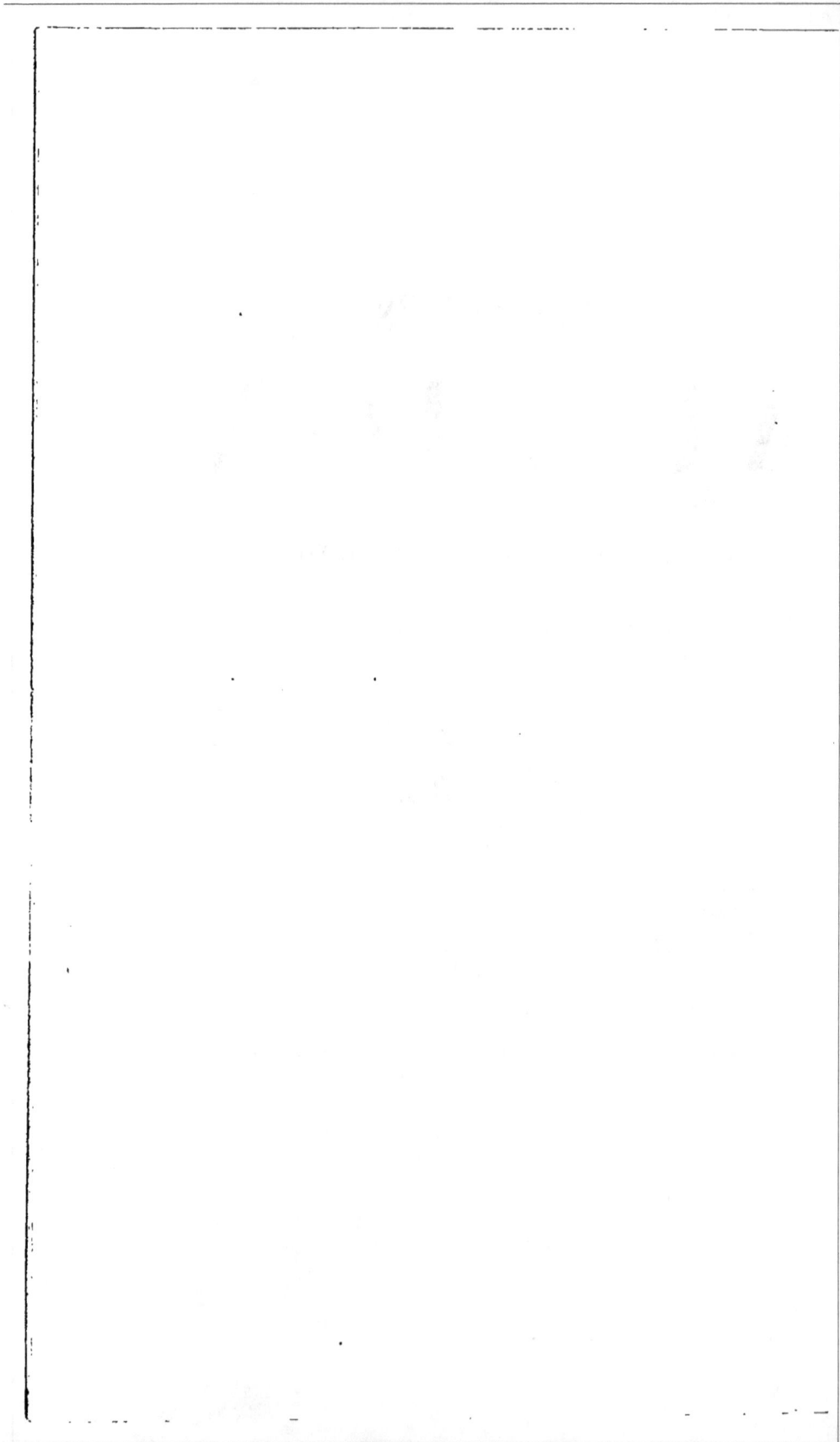

AU VIEIL AFRICAIN

DE MA CHÈRE PROVINCE DE CONSTANTINE

AU ZÉLÉ DISCIPLE DE SAINT HUBERT

AU COMMANDANT P. GARNIER

TÉMOIGNAGE D'AMITIÉ CORDIALE

SON TOUT DÉVOUÉ

J. CHASSAING

PRÉFACE

La devise de Jacques Chassaing a toujours été : « Rien à la fantaisie ; tout à la vérité ; » et je dois reconnaître ici, qu'en écrivant ses chasses, il l'a scrupuleusement observée, n'avançant jamais un fait sans pouvoir de suite en fournir la preuve.

Son récit est, comme lui dans sa conversation familière, sans prétention, simple et émouvant; c'est bien là un homme qui raconte comme il sent !

1

Dans quel ouvrage, je vous le demande, trouverez-vous un intérêt aussi dramatique ? Peut-on, dites-le-moi, ne pas frémir d'épouvante et d'horreur, quand on voit ce brave Chassaing emporté au fond d'un ravin par son fameux Lion du Bou-Arif, et ce aussi aisément qu'un chat le ferait d'une souris ? Et dire que, dans cette position désespérée, cet homme énergique conserve un admirable sang-froid !

Le voici encore assistant la nuit, seul et sans peur, au rut des lions : quelle magnifique scène et quel coup d'œil ! Neuf lions et une lionne !...

Et puis ces merveilleux coups doubles qui lui permettent de tuer quatorze lions en quatre nuits, qu'en dites-vous ? Ne pensez-vous pas avec moi que cet homme a complétement résolu le problème de la destruction rapide de ces terribles et si onéreux carnassiers ?

L'auteur a parsemé son récit d'anecdotes terribles ou plaisantes dans lesquelles éclatent

tantôt les vertus et tantôt les vices des indigènes
de l'Algérie ; il les tient pour très-courageux,
mais aussi foncièrement ingrats, menteurs et
voleurs, et je dois avouer, moi qui ai passé quatorze années consécutives en Afrique, qu'il a
parfaitement raison ; comme lui, j'estime que les
exceptions sont excessivement rares.

Après avoir lu attentivement les chasses
instructives et grandioses d'un homme qui a déjà
tué plus de trente lions, vous pouvez, si la nature
vous a doué généreusement des qualités requises,
vous lancer dans la carrière ; tout vous a été
minutieusement expliqué, et, sauf l'expérience
qui seule rend habile, vous en savez autant que le
maître. Aussi, plus heureux qu'un autre illustre
tueur de lions, Chassaing aura-t-il des successeurs ! Que dis-je ? Il en a déjà ! Ce qui ne signifie
pas, notez-le bien, que notre héros songe à se
retirer de la carrière.

Ce simple aperçu ne peut vous donner une idée

suffisante d'un livre que, dans son indulgente amitié, l'auteur a cru devoir dédier à un modeste chasseur à la billebaude.

Lisez-le donc attentivement et, comme moi, vous acquerrez l'intime conviction que vous avez affaire à un homme d'une énergie et d'un sang-froid admirables et, ce que j'estime par-dessus tout, à un disciple fervent de la vérité.

Auxonne, le 5 novembre 1864.

Commandant P. GARNIER

I

MA BIOGRAPHIE

Si j'essaye d'esquisser rapidement ma biographie, ce n'est pas certes, chers lecteurs, par le moindre sentiment de vanité, moins encore pour vous initier à la connaissance de mon arbre généalogique. Je serais même fort désappointé si cette esquisse pouvait faire, à mes simples récits de chasses, l'office d'une

1.

enseigne qui pique le goût ou la vanité du flâneur.

Aussi, dès que je vous aurai dit que je suis né aux Petits-Barrots, hameau dépendant de la commune de Grandriff et de l'arrondissement d'Ambert, vous pourrez, en feuilletant le registre des naissances de mon cher village, y voir que je suis né le 22 juin 1821, et baptisé sous le nom de Jacques Chassaing; vous saurez ainsi que je suis Auvergnat, et je doute que, sur la foi d'une si piètre enseigne, vous me fassiez l'honneur de parcourir mes mémoires.

Mon père était un honnête cultivateur qui excellait dans l'art de tracer un sillon, et j'eusse sans doute continué cette modeste et utile carrière si le ciel ou le destin ne m'eût conservé mon grand-père paternel. A quoi tiennent les destinées!...

C'est que, pour deviner et suivre la trace du gibier, c'était un fin limier que le grand-papa Chassaing! c'est qu'il était plus craint des lièvres, des loups et des renards qu'un gendarme n'est aimé des larrons; c'est qu'enfin, chers lecteurs, c'était un rude chasseur, rusé, patient, infatigable, un chasseur comme on n'en voit plus.

Le jour à sa charrue ou à ses occupations champêtres, la nuit à l'affût, il partageait sa vie entre le travail de sa ferme et la chasse. Souvent il ne quittait l'affût que pour revenir le matin s'atteler de nouveau à la charrue. Son existence, pour être rude et laborieuse, n'en était pas moins belle, et il ne l'eût pas changée, je vous l'assure, pour toute autre au monde.

Tout petit enfant que j'étais, je sentais des aspirations vers cette existence pittoresque et accidentée, et soit que mon grand-père l'eût deviné, soit qu'il eût cédé à mes prières, il me fit dès lors assister très-souvent à ses veilles ; il aimait à me sentir près de lui pendant ces nuits, longues pour d'autres, mais trop courtes pour lui, où il attendait et épiait ses victimes. Sous un tel maître, je fis des progrès surprenants. Ces distractions, du reste, me plaisaient infiniment mieux que les leçons du grave magister de l'endroit, et me faisaient oublier les coups de férule que m'attiraient mon ignorance ou ma mauvaise volonté à l'étude, punition dont je me moquais du reste, car le père Chassaing m'avait promis que, quand je serais grand, il m'achèterait un fusil, et je prenais à cœur de le gagner.

De telles leçons me frappaient et me pénétraient

autrement que celles du maître d'école, et j'y étais
bien plus assidu.

L'idée qu'un jour j'aurais un fusil m'avait mis au
cœur un ardent désir d'enfant, désir que le hasard
favorisa en me faisant découvrir un vieux fusil de mu-
nition, qui avait été laissé en oubli, en 1815, à la maison paternelle par un déserteur... Brave déserteur !
va !...

Vous devez penser si, à la vue de cette arme, je
bondis de joie et si je courus chez mon grand-père
pour la lui faire voir. Toutes mes journées se passèrent dès lors à démonter et à remonter mon fusil,
oubliant jusqu'à l'heure des repas de la famille. Les
gamins n'étaient plus mes amis...

Cependant ces précoces dispositions ne laissèrent
pas que de scandaliser très-fort une bonne vieille
tante à moi, passablement dévote, et qui saisissait
toutes les occasions de me prouver qu'un froc vaut
mieux qu'un fusil ; elle eût préféré me voir servir la
messe.

Je dois néanmoins à ma tante cette justice, qu'à
force de sermons, elle parvint à m'apprendre à lire ;

bien ou mal, dans un vieux livre d'église imprimé en
cicéro, dont je vois encore les pages usées ; mais ce
que je n'oublierai jamais non plus, c'est qu'elle
m'avait appris à prier ; oh ! mais prier, à faire pâlir
un novice de dernière année... Et puis, fière et
heureuse de mes progrès, ma pauvre tante me fit
dans le pays la réputation d'un savant, quoique je
ne me doutasse guère qu'il y eût en moi l'étoffe
nécessaire ; mais j'eus bien vite oublié ces rêves
de vanité, quand, en 1832, j'héritai du fusil du
bon papa Chassaing, qui venait de mourir, hélas !
je versai bien des larmes, mais je ne pourrais affirmer, en conscience, si ce fut de douleur de cette mort
ou de joie de posséder un vrai fusil. Ce que je puis
assurer maintenant, c'est que cet héritage me rendit
fou de joie ; je me sentais plus haut de dix coudées
que tous les Achilles et les Hercules morts ou vivants.
Qu'on vienne me dire que je ne suis pas un homme !
pensais-je...

Aussi le grand-père Chassaing, qui, du haut du
ciel, avait les yeux sur moi (ma tante m'avait élevé
dans cette croyance), dût-il être bien heureux de l'in-

trépidité avec laquelle je soutins sa réputation et
continuai les vieilles traditions auxquelles il m'avait
initié.

Mais, hélas !

> Celui qui met un frein à la fureur des flots,
> Sait aussi des *chasseurs* arrêter les complots.

Le temps avait fui et la conscription vint m'arrêter... Un beau jour il arriva à la maison un ordre de
départ et une feuille de route, en vertu desquels je devais rejoindre le 3ᵉ régiment du génie à Montpellier.
Il fallut faire mon sac et dire adieu à mon bon fusil et
à... Jeannette, c'est-à-dire à tout ce que j'avais de plus
cher au monde... J'en pleurai... Adieu donc pour
sept ans, mes grands bois peuplés de gibier ! vos
hôtes peuvent reposer en paix à l'ombre de vos ra-
meaux et s'ébattre sur vos vertes pelouses.

J'arrivai à Montpellier le 23 juillet 1842, et je fus
immédiatement incorporé.

Je passe sous silence les incidents (communs
d'ailleurs à tous les nouveaux enrôlés) de ma vie de
soldat : le plus saillant fut celui de mon admission à

l'école régimentaire, où je recommençai mes études, mais cette fois assez sérieusement pour que mes pro-grès me fissent remarquer et inscrire au tableau d'a-vancement. La voie des honneurs m'était ouverte ; mais je repoussai cette faveur de toutes mes forces, car je n'avais qu'un seul but, un seul désir, une seule idée, obtenir un congé pour retourner près de ceux qui m'étaient chers, et surtout sauver mon fusil de la rouille qui le menaçait dans l'inaction.

Au bout de quelques années mes espérances se réa-lisèrent : j'obtins consécutivement plusieurs congés, puis enfin je fus libéré en Afrique.

Certaines circonstances particulières m'engagèrent à me fixer à Batna, où j'entrepris l'exploitation des forêts et les travaux du génie. En quelques années j'avais réalisé de beaux bénéfices.

Dans mes tournées sur mes chantiers, j'étais témoin chaque jour des ravages inouïs exercés par les lions, et les plaintes incessantes des Arabes me faisaient assez connaître quel impôt écrasant ces dangereux hôtes prélèvent sur les troupeaux des indigènes. Ma passion pour la chasse était toujours la même;

et j'avais plus d'une fois regretté que mes nombreuses occupations m'empêchassent de m'y adonner. Ma jeunesse avait été si bien remplie par cette noble distraction !!! Mais j'étais marié, j'étais établi, je devais céder aux exigences de ces deux conditions.

Victime d'abus de confiance inqualifiables, je fus tout à coup dépouillé du fruit de mon travail et de mes labeurs ; puis la concurrence diminuant mes chances de succès, je liquidai mes affaires.

Le principal motif de cette liquidation, peut-être le seul, est celui-ci :

En 1854, il était fortement question de commencer l'installation d'un nouveau centre colonial à Krinchela, et d'après les prévisions générales, cet établissement paraissait prochain ; je sollicitai de M. le général Desvaux, alors commandant la subdivision de Batna, et j'obtins la concession et l'exploitation des magnifiques forêts de Krinchela, faveur qui, si elle eût pu se réaliser, devait bientôt m'avoir fait oublier les pertes récentes que j'avais éprouvées.

Mais, soit par suite des événements militaires qui surgirent à cette époque, soit que les plans eussent été mal conçus, ou non approuvés et retardés, ce projet fut ajourné, et n'a pas jusqu'à présent reçu de commencement d'exécution.

L'inaction forcée, à laquelle m'avaient condamné la liquidation de mes affaires et le non-accomplissement de l'édification de Krinchela, ne pouvait convenir à ma nature active ; je passai désormais tout mon temps à la chasse. Les sangliers, dont cette contrée foisonne, me fournirent d'abord amplement de victimes.

Cependant ce n'était là qu'un intermède pendant lequel j'étudiais les mœurs et les allures du lion ; car c'était l'ennemi que j'avais choisi, et contre lequel je voulais tourner mes coups, désireux d'apporter un remède efficace aux déprédations de ces terribles et dangereux voisins, et de mettre un terme à la terreur qu'ils avaient répandue parmi les malheureux hôtes des douars et des tribus.

Toujours en campagne, parcourant le pays en tous sens, j'appris bientôt à le connaître ; aucun point de ces contrées ne m'est inconnu. Pas le plus petit bouquet de bois, la moindre montagne, le ravin le plus ardu, le rocher le plus inaccessible, que je n'aie

visité et fouillé maintes et maintes fois, et dont je
ne sache les noms arabes!

Cette étude préliminaire me servit bien, lorsque
plus tard, me croyant suffisamment préparé, j'entamai
les hostilités contre la gent léonine. En peu de temps
j'obtins mes premiers succès, qui m'encouragèrent
à ce point que je ne voulus plus vivre que dans les
montagnes et les forêts; tantôt suivant une trace, tantôt
accroupi ou blotti derrière un buisson, un arbre, attendant l'arrivée d'une victime; me renseignant auprès
des Arabes de tous les douars que je rencontrais. Aujourd'hui dans une tribu, demain sur le pic inaccessible d'une montagne; puis soudainement averti de
la présence du lion par ses rugissements ou par les
cris des Arabes et de leurs troupeaux en fuite, j'arrivais sur la scène, où je n'avais plus trop souvent qu'à
compter les victimes et à choisir celles qui me semblaient le plus propres à me servir d'appâts, en prévi-
sion du retour probable de ce terrible dominateur de
la montagne.

Que de fois j'ai vu s'écouler, dans une attente infructueuse, jusqu'à six et sept nuits! que de fois

suis-je revenu brisé, harassé et rompu à la maison!
C'est ce que l'on n'a jamais appelé *bredouille* avec
plus de raison.

Malgré ses fatigues et ses dangers, cette vie me
plaisait beaucoup cependant, et à tel point que souvent, au retour d'une de ces sorties, et à peine rentré
à la maison, je repartais sur-le-champ, averti ou appelé par les Arabes, qui faisaient l'office de limiers et
venaient m'avertir de l'arrivée d'un nouveau lion
parmi eux.

Aujourd'hui que le succès a répondu à mon attente, que cette guerre périlleuse est devenue pour
moi une sorte d'habitude et de nécessité, et pour venir en aide aux chasseurs encore inexpérimentés qui
voudraient s'engager dans ces rudes entreprises, où
le roi de l'instinct et le roi de l'intelligence sont expo-
sés chaque jour à des rencontres toujours fatales à
l'un des deux, je me suis déterminé à livrer mes relations de chasse à la publicité. Peut-être ces relations
serviront-elles à ceux qui voudraient nous succéder,
et leur tiendront-elles lieu d'expérience. En tout cas,
elles leur apprendront leur règle de conduite, les pré-

serveront d'imprudences funestes et contribueront au succès de leurs campagnes.

Je ne puis terminer sans remercier de toute mon âme les braves cœurs qui, me devançant, ont déjà livré à la publicité quelques-uns des faits de ma vie de chasseur de lions. Ces témoignages qu'ils m'ont donnés d'une sympathie éclairée, sont pour moi une précieuse récompense, dont je conserve religieusement le souvenir, et qui coûtera encore la vie à plus d'un lion.

Sur ce, chers lecteurs, et vous, mes chers collègues en saint Hubert, que Dieu vous ait en sa sainte garde !

                                        J. CHASSAING

II

MA PREMIÈRE VICTOIRE — UN LION POUR UN BOURRICOT

Le 30 mars 1858, j'étais parti pour chasser le sanglier avec mon ami Armentès. Nous étions dans les Ouled-Abdi, montagnes très-fertiles de l'Aurès, situées à environ neuf lieues de Batna et au sud.

Nous établîmes notre campement sur un plateau assez vert où nous avions laissé nos montures, après les avoir toutefois attachées à de solides cordes retenues par de forts piquets plantés en terre.

Mon ami avait un bourriquet qu'il appelait Martin, et moi j'avais une mule.

Vers les trois heures et demie du soir, nous nous

2.

disposâmes à aller chasser quelque gibier pour notre
dîner. Comme le bourriquet, qui n'avait pas l'habitude d'être attaché, manifestait quelque impatience,
nous le débarrassâmes de ses entraves et nous le
laissâmes errer aux environs, certains de le retrouver
sans peine à notre retour, car d'ordinaire il ne s'éloi-
gnait pas du voisinage de la mule. Puis nous nous
mîmes en chasse.

A environ un kilomètre du plateau, pendant que
j'observais les endroits où les sangliers faisaient d'ordinaire leur rentrée et leur sortie, j'entendis les braie-
ments du pauvre Martin, mais je n'y fis aucune attention, pensant que quelque troupeau arabe était venu
à passer ; je continuai mes recherches. Nous étions
dans un ravin, en face du plateau du côté sud.

A la tombée du jour, je vis une troupe de sangliers débûchant d'un fourré du côté nord, mais trop
loin de moi pour que je pusse la poursuivre. D'ailleurs la nuit était déjà trop prononcée, et je dus rentrer sans avoir rien fait. Je repris seul le chemin du
plateau, où je ne fus pas peu surpris de ne plus retrouver Martin, et de voir ma mule détachée et arrêtée, en

s'enfuyant, par sa corde qui s'était emmêlée dans une épaisse broussaille, tout au bord du plateau.

J'appelai des Arabes qui m'aidèrent à débarrasser ma mule ; puis je leur demandai s'ils n'avaient pas vu le bourriquet ; mais aucun d'eux ne put me donner de renseignements sur sa disparition.

La nuit très-obscure, et le temps, qui était un peu chargé, s'opposaient à ce que j'allasse à sa recherche ; je dus y renoncer.

Armentès rentra fort tard. Son premier soin, en arrivant, fut de me demander où était son pauvre Martin. Je lui racontai la disparition de l'âne et la fuite de la mule ; ce qui le surprit encore plus que moi, et lui fit croire que sa bête avait été volée pendant notre absence ; il ajouta que Martin était trop familier, du reste, avec ma mule pour qu'il en fût autrement.

Mais, dans ce cas, lui fis-je observer, l'on aurait de préférence volé la mule ; il était donc plus vraisemblable que c'était le lion qui était venu enlever Martin. En face de cette supposition, nous fûmes forcés d'attendre jusqu'au lendemain. Nous allâmes passer la nuit dans un gourbis arabe situé sur le plateau ;

c'était même à cause de ce gourbis que nous avions choisi ce lieu pour notre campement.

Le lendemain matin, 31 mars, je me levai à quatre heures. Le temps était très-vif, les nuages avaient disparu et la lune commençait à briller.

La veille, j'avais observé que les sangliers, après avoir ravagé les champs, rentraient dans un ravin du versant nord, où le taillis est très-épais ; je pris mon fusil et me dirigeai de ce côté, comptant les surprendre au passage.

A environ cent cinquante pas du gourbis, et en traversant une terre fraîchement labourée, je distinguai parfaitement, au clair de lune, une énorme traînée qui, partant de la gauche du gourbis, se dirigeait vers le fond du ravin, puis montait dans le taillis qui domine cette terre, versant sud-est. Dès lors je n'eus plus de doute sur le sort du bourriquet.

En ce moment Armentès me rejoignait ; je lui fis part de ma découverte, et, de concert, nous résolûmes de suivre cette trace ; le clair de lune était vif, et je pus facilement distinguer, à côté de la traînée faite par le cadavre de Martin, les empreintes du lion.

En effet, arrivés sur une petite éminence voisine du bois, nous entendîmes un froissement dans le taillis, et, après avoir fait encore quelques pas, le bruit d'un animal qui s'enfuyait dans le fourré parvint jusqu'à nous. Je dis alors à mon ami qu'il n'y avait plus le moindre doute et que son pauvre Martin avait servi de dîner au lion.

En suivant la traînée qui longeait la lisière du bois, nous ne tardâmes pas à découvrir, en effet, dans les broussailles, les restes du bourricot, c'est-à-dire la tête, les quatre jambes et une faible partie du poitrail.

Cette vue excita en nous une colère bien légitime, et, d'un commun accord, nous prîmes la résolution de venger le pauvre animal. Cette vengeance servait trop bien mes projets pour que je laissasse échapper l'occasion.

Le jour était venu ; mon camarade se chargea de construire à la hâte deux embuscades, ce qui lui demanda quelques heures de travail. Ces deux embuscades étaient établies sur deux chênes, élevés à trois ou quatre mètres environ du sol, et dominant les débris du bourricot.

Puis nous employâmes le reste de la journée à chasser les sangliers.

Nous étions de retour vers six heures du soir et déjà perchés sur nos arbres. Le temps était des plus vifs, le vent nord-ouest soufflait légèrement; ces symptômes nous firent présager une nuit froide. Effectivement, l'engourdissement des membres causé par le froid et par la gêne de la position que nous occupions assis sur les branches, nous avaient vaincus à onze heures ; cette situation n'était pas tenable ; du reste nous n'avions rien vu ni entendu jusqu'alors, si ce n'est quelques importuns chacals, qui rôdaient alentour sans trop s'approcher.

Nous descendîmes de notre embuscade, et, après nous être dit que le lion ne viendrait probablement pas cette nuit, nous regagnâmes notre gourbis, tout grelottants et complétement engourdis.

Le lendemain, reconnaissant l'impossibilité de passer une seconde nuit sur ces arbres, je crus qu'il était préférable de dresser une autre embuscade, mais à terre cette fois.

Armentès était d'avis de l'établir sur la lisière du

bois, en face du terrain labouré; moi, au contraire, et pour de bonnes raisons, j'opinais pour qu'elle fût adossée à un grand rocher situé sur le terrain labouré, et qui faisait face au bois. Après avoir discuté un moment sur ces deux projets, ce fut le mien qui fut adopté. Immédiatement nous commençâmes à creuser au pied du rocher un trou d'un mètre environ de profondeur. Nous entourâmes ensuite ce trou de grosses pierres, et recouvrîmes le tout de fortes branches bien assujetties, entre lesquelles nous eûmes soin cependant de ménager un créneau du côté des restes du bourriquet. C'était presque une petite citadelle que cette embuscade, et, à cinq heures du soir, nous y entrâmes avec la plus grande confiance.

Pour que la veillée fût continuellement remplie et que la surveillance ne fût point interrompue, nous étions convenus que chacun de nous ferait faction à son tour, pendant que l'autre se reposerait. Ce fut mon camarade qui commença la veillée. Je me couvris de mon caban et m'assoupis..

Je dormais depuis quelque temps, une demi-heure à peine, quand je fus réveillé par un mouvement de mon camarade. Quelle fut ma surprise et ma joie de voir, à mon réveil, une énorme lionne, au bord du bois, en face de nous et à quelques pas seulement des restes de Martin ! Malheureusement cette bête faisait en ce moment un demi tour pour s'en retourner sous bois, car mon camarade avait trahi notre présence par un bruit dans les branches qu'il avait fait en cherchant à l'ajuster ; en une seconde elle fut hors de portée.

Cependant je regrettais vivement de la voir s'échapper au moment où je la tenais déjà pour une proie assurée ; depuis le commencement de cette scène, j'avais suivi anxieusement les mouvements de mon camarade, mais je n'avais pas bougé ; et ce ne fut qu'impatienté de cette longue attente que je demandai à Armentès pourquoi il ne l'avait pas tirée ; à quoi il me répondit : « Je pensais qu'elle viendrait plus près des restes. »

La lionne, que nous croyions bien loin, n'était qu'à soixante ou soixante-dix pas de nous ; car de l'endroit où elle s'était mise sur le ventre, nous la distinguâmes bientôt parfaitement. Elle ne poussait aucun rugissemènt. Au bout d'un quart d'heure, pendant lequel nul bruit n'avait plus excité sa défiance, elle se leva rassurée, et, toujours silencieuse, elle se mit à décrire un demi-cercle près des champs, observant avec soin ce qui pouvait lui être suspect. Elle suivait le cours d'une petite séguia (petite levée pour l'écoulement des eaux), en s'avançant à pas de chat et le plus doucement possible ; son col rasait la terre. J'épiais tous ses mouvements, et je compris parfaitement que son intention était de bondir brusquement sur la proie et de s'enfuir ensuite dans le bois, où elle pourrait à son aise la dévorer. Je n'avais pas attaché les restes de l'âne, de sorte qu'elle aurait pu les enlever facilement. La crainte qu'elle y réussît me fit prendre le parti de l'arrêter avant qu'elle pût mettre son projet à exécution.

En ce moment la lionne était à vingt-cinq pas de nous ; j'abaissai mon fusil pour l'ajuster. Dans ce mouvement je touchai involontairement avec le canon de mon arme une petite branche qui se trouvait devant moi ; à ce bruit léger elle se dressa brusquement sur ses pattes et tourna la tête du côté de notre embuscade ; dans cette position elle me découvrait tout

son large poitrail, et, quoiqu'elle fût un peu loin, l'occasion me parut des plus favorables : je fis feu. Elle
tomba lourdement dans la séguia ; puis, quand la fumée
de mon coup de feu se fut dissipée, je la vis s'élan-
çant en avant d'un énorme bond. Ce fut sans doute
le dernier, car elle retomba dans la séguia et ne bougea plus ; je jugeai que j'avais dû la blesser grièvement ; cependant mon camarade ne croyait pas que
j'eusse réussi, car il me dit positivement : « Tu l'as
« manquée. » Nous ne pouvions voir la bête, qu'un petit
accident de terrain nous cachait complétement ; nous
reprimes donc notre faction, observant le silence
le plus absolu, et prêts à parer à toutes les éventua-
lités possibles du retour de la lionne, si elle n'était
que blessée.

Une demi-heure se passa, au bout de laquelle notre attention fut de nouveau absorbée par l'arrivée
inopinée d'un lion de taille moyenne, qui vint se coucher à plat ventre à trente pas environ de nous et en
face de notre embuscade. Je commençais à l'ajuster,
quand Armentès me dit à voix basse : « Ne tire pas,
« laisse-le s'approcher de l'appât, il est trop loin. »

Comme il m'avait laissé dans le doute au sujet de la lionne, je cédai. Dix minutes après, le lion se leva et disparut dans le bois, d'où il n'est revenu que beaucoup plus tard ; mais la nuit était tellement obscure alors, que bien qu'il fût venu s'accroupir sur la proie, il nous était impossible de le voir et de le tirer. Nous fîmes quelques petits mouvements en avant pour tâcher de l'apercevoir à travers le créneau ; il nous entendit certainement, car il saisit les restes et s'enfuit dans le bois à environ quarante ou cinquante pas. Cette fuite nous ôta tout espoir de le voir reparaître. Nous entendions bien le bruit de ses puissantes mâchoires écrasant les os, mais sans pouvoir rien distinguer.

En ce moment, la lionne poussa des cris plaintifs, et Armentès, convaincu cette fois, me dit : « Ah ! il y « en a donc un de blessé ? » Comme ces cris partaient de l'endroit même où elle était retombée, après avoir fait son dernier bond , je fus sûr alors qu'elle était mortellement atteinte, puisqu'elle n'avait pu s'enfuir plus loin ; j'étais déjà impatient de voir le jour pour aller la chercher.

Tout le reste de la nuit s'écoula sans nouvel

incident. Nous étions toujours en éveil, car nous ve-
nions de ressentir trop d'émotions pour pouvoir dormir. Et puis, de temps en temps, la lionne, qui continuait à se plaindre, nous avertissait de nous tenir
sur nos gardes. Vers quatre heures du matin, elle se
tut enfin, et le silence se rétablit complétement;
elle venait sans doute d'expirer! mais nous nous
gardâmes bien de sortir de notre embuscade pour
aller lui offrir des secours.

Le lendemain, au jour naissant, nous quittâmes
notre retraite, les armes à la main et prêts à faire
feu, car, au cas même où la lionne serait morte,
nous pouvions être obligés de répondre aux attaques
du lion; mais notre appréhension dura peu, tous les
alentours étaient déserts.

Nous nous dirigeâmes avec circonspection vers la
séguia, et nous ne tardâmes pas à découvrir la lionne
morte et allongée dans le ruisseau... Nous n'eûmes
qu'à en prendre possession. C'était une bien belle
bête...

Le pauvre Martin était vengé!

Instruit par les incidents de cette première chasse,

mes réflexions me prouvèrent que pour se livrer sérieu-sement à cette guerre, et la faire avec le plus de succès, il faut l'entreprendre *seul*. Je n'ai guère jamais failli depuis à cette résolution.

III

UNE EXCURSION DANS L'AURÈS — UN LION TACTICIEN

Encouragé par mon premier succès et déjà passionné pour la chasse au lion, je repartis le 10 avril, mais seul cette fois, pour les montagnes de l'Aurès, où je savais rencontrer de ces terribles adversaires.

Je m'arrêtai à six kilomètres environ de Lambesse, sur un plateau appelé Oufassa, à l'ouest de l'ancienne

cité romaine. Plusieurs tribus sahariennes étaient
campées sur ce plateau. Aux questions que je leur fis,
les Arabes me répondirent tous que le lion leur
causait d'énormes dommages,. et que presque toutes
les deux nuits ils étaient à peu près sûrs de voir
leurs troupeaux décimés par ce redoutable voisin.

L'endroit me parut propice; je pris à peine le
temps de mettre ma monture en sûreté pour aller
aussitôt à la recherche des empreintes qui pouvaient
m'indiquer les routes que prenaient les lions. Je fouillai scrupuleusement et minutieusement tous les repaires ; aucun fourré, aucun chemin n'échappa
à mon examen, mais je ne découvris aucune trace.
Je revins à la tribu, où je passai le reste de la journée, espérant que, la nuit suivante, le lion viendrait
lui-même signaler sa présence. Le temps était très-vif
ce soir-là ; il s'était élevé un petit vent nord-ouest, et
un clair de lune magnifique, qui dura jusqu'au matin,
me permettait de surveiller tous les abords du plateau que je dominais. Mais la nuit se passa sans trouble.

Le lendemain, j'explorai de nouveau le versant
nord-est de la montagne, avec plus de succès cette

fois ; car je trouvai dans le grand taillis du Bourzala, près de Lambesse, deux traces de lion, l'une moyenne, la seconde énorme. Le terrain, qui était schisteux, avait parfaitement conservé l'empreinte des pas. Ceci commençait à me sourire, et, satisfait de cette découverte, je repris le chemin du plateau d'Oufassa, en traversant le grand bois qui mène de cet endroit à Lambesse. Les traces devinrent alors très-fréquentes, et je les retrouvai jusque sur la poussière du chemin. Les Arabes, auxquels je fis part du résultat de mes recherches, m'offrirent alors une chèvre pour servir d'appât. C'était la seule chose qui me manquât; j'acceptai avec joie.

A un kilomètre environ des douars et sur le plateau du côté est, je construisis à la hâte, au point le plus élevé, une embuscade à cheval sur un chemin qui conduit aux douars. Je creusai un peu la terre, puis j'entourai le trou avec de forts morceaux de bois, et je cachai le tout sous d'énormes branches. C'était encore une citadelle.

A cinq heures et demie du soir, j'attachai la chèvre à un solide piquet et je m'installai pour la nuit.

J'avais deux bons fusils doubles, une paire de pistolets et un couteau de chasse ; c'était plus qu'il n'en fallait pour défier l'attaque d'un seul adversaire.

Pendant quelque temps la chèvre, se voyant seule, se mit à crier ; mais, quand la nuit fut venue, elle resta obstinément muette.

Vers sept heures elle recommença ses bèlements éplorés, et donna des signes de la plus vive inquiétude ; ses yeux, tournés vers le taillis, semblaient y découvrir quelque chose, et je redoublai d'attention.

Le temps était superbe, la lune magnifique, je découvrais le chemin à soixante ou quatre-vingts pas, mais rien ne se montrait cependant.

A huit heures et demie environ, le silence qui s'était rétabli fut troublé par les glapissements de deux chacals, à près de deux cents pas, au-dessus d'un petit ravin. Puis, cinq minutes plus tard, ils furent couverts par la voix puissante du lion qui poussa deux rugissements dans le fourré ; peu après les rugissements se succédèrent rapidement et plus forts, se rapprochant d'une manière sensible. Une demi-heure après, la voix du lion se faisait entendre à cent cinquante pas de

moi, se rapprochant toujours davantage, sur le chemin qui conduit de Lambesse au plateau. J'eus un
moment de vive satisfaction, car je crus que le lion
allait être bientôt à portée ; je le distinguai même
un instant; mais il disparut soudainement dans le
bois, et tout retomba dans le silence.

Tout à coup, derrière moi, des pas très-lourds retentirent sur les feuilles qui couvraient la terre, et, de
trente pas au plus, un souffle bruyant parvint jusqu'à
moi. Malheureusement je ne pouvais rien voir, car
j'aurais trahi ma présence en me retournant.

Le lion s'arrêta environ cinq minutes ; sans doute
il venait de voir mon embuscade qui lui barrait la
route, car il prit sa course par bonds, du côté des
tribus, en poussant d'affreux rugissements, et sans
faire la moindre attention à ma chèvre, qui se remit
à crier sitôt que le terrible rôdeur eut disparu.

Un quart d'heure après, les aboiements des chiens
et les clameurs des Arabes m'avertissaient que le lion
était dans les tribus. Sans doute se voyant découvert,
il s'éloigna, et presque aussitôt je l'entendis sur l'autre montagne, au sud-ouest.

Toute la nuit se passa dans le silence et dans une attente infructueuse.

Le lendemain matin je rentrai au douar, où les Arabes m'apprirent, ce que je savais déjà, que le lion était venu les inquiéter pendant la nuit ; ils me supplièrent de rester trois ou quatre jours parmi eux, m'assurant que pendant ce temps j'étais sûr de trouver l'occasion de tuer cet animal ; je cédai à leurs instances.

J'employai toute la matinée à visiter les repaires que j'avais déjà remarqués la veille, et je reconnus l'endroit où le lion avait fait sa rentrée. C'était sur le chemin dont j'ai parlé plus haut et du côté de Lambesse, ce qui me décida à reprendre mon affût de la nuit précédente.

Vers midi, le temps devint un peu brumeux, un léger vent nord-ouest s'éleva bientôt, et, à deux heures, une pluie battante commença à tomber ; cette pluie continuant toujours, je ne pus reprendre mon embuscade, car, dès la chute du jour, la brume devint tellement intense et la nuit si obscure, qu'on ne pouvait distinguer les objets à quelques pas. Je fus donc contraint de passer la nuit au douar.

Vers sept heures et demie du soir, le lion, protégé par l'obscurité, revint et s'approcha du douar, mais sans rugir et à pas de chat; il sortait de la lisière du bois, au sud, de sorte qu'il était sous le vent et que les chiens ne purent l'éventer et donner l'éveil.

Les troupeaux étaient parqués dans un terrain entouré d'une haie formée de fortes branches enfoncées en terre, d'une hauteur d'à peu près 2^m,50 sur 1^m,50 d'épaisseur. D'un seul bond, le lion franchit cette sorte de palissade, saisit une brebis et, d'un autre bond, il se retrouva en dehors de l'enceinte, dont il s'éloigna aussitôt avec rapidité. Le désordre que sa présence avait mis dans le troupeau, et le bruit de sa chute en franchissant la haie, donnèrent l'éveil aux chiens. En un instant leurs cris furieux mirent sur pied tous les Arabes, qui mêlèrent leurs injures et leurs vociférations aux aboiements de leurs gardiens. Réveillé par ce vacarme, j'accourus auprès des Arabes qui me dirent: « Tu vois le Saïd (le lion), comme il vient nous voler jusque chez nous! » Ils tirèrent quelques coups de fusil en l'air pour le forcer à s'éloigner et à lâcher sa proie, mais le terrible

4

ravisseur se retira tranquillement, plein de dédain pour ces vaines démonstrations.

Malgré la pluie qui tombait toujours, les Arabes se tinrent au guet tout le reste de la nuit. Quant à moi, je rentrai me coucher.

Le lendemain, le temps n'avait pas changé, la pluie tombait toujours à torrents, et, reconnaissant qu'il était, pour cette fois, impossible de poursuivre plus longtemps mon projet contre ce lion, je rentrai à Batna.

Le 15 avril, des Arabes de ces mêmes douars accoururent m'annoncer que, la nuit précédente, le lion était encore venu étrangler un de leurs plus beaux bœufs, et qu'il continuait d'exercer ses déprédations sur leurs troupeaux. Cette fois il s'était acharné sur un douar campé à environ deux kilomètres du plateau d'Oufassa, au versant sud-ouest de l'Aurès.

Espérant être plus heureux que les jours précédents, je partis avec eux.

A trois heures de l'après-midi, c'est-à-dire à peine arrivé, j'étais occupé à installer mon refuge.

Comme j'avais pu remarquer que les grosses embuscades, ressemblant à des citadelles, excitaient la défiance du lion, je résolus de changer ma manière d'opérer.

Près de l'endroit où gisait le bœuf, je choisis une forte broussaille de chêne vert que je garnis le mieux possible avec des branches de même essence; ce fut là pour cette fois, que je me décidai à braver mon formidable adversaire. Cette broussaille, exactement semblable à celles d'alentour, ne pouvait pas au moins exciter sa défiance.

Le temps était vif, mais la lune était magnifique; à six heures du soir j'étais à mon poste.

Au bout d'une demi-heure à peine, j'étais entouré de chacals dont les glapissements agaçants me faisaient trépigner d'impatience. Tout à coup une voix puissante, qui fit taire toutes les autres, se fit entendre, mais dans l'éloignement; elle partait du fourré au sud-est; cependant jusqu'à huit heures et demie, le lion n'avait pas signalé autrement son approche. Quelques minutes après, un bruit de branches fortement froissées arriva jusqu'à moi, et un souffle bruyant et fréquemment répété m'annonça que j'allais avoir le lion en face. J'épaulai, et, le doigt sur la détente, j'attendis, persuadé que l'animal franchirait d'un bond la distance qui le séparait du bœuf.

Le lion s'avançait au contraire en rampant et en retenant son souffle ; il s'arrêta à trois ou quatre pas de sa proie, puis il tourna la tête tout autour de lui, comme pour reconnaître si le champ lui appartenait bien.

Je n'osai le tirer encore dans cette position, car il se présentait mal et pouvait échapper en partie à l'action de ma balle ; j'attendis encore. Au bout de dix minutes d'hésitations, il vint se placer en face du bœuf, sur le ventre duquel il se mit à promener sa large tête. La position était bonne et l'instant propice, car il me découvrait son épaule gauche, au défaut de laquelle je visai avec soin et je fis feu.

L'animal blessé fit un énorme bond par-dessus le bœuf et disparut sous bois en râlant fortement. Quelques minutes plus tard, une forte secousse et des plaintes du lion m'apprirent qu'il se débattait contre la mort, puis tout rentra dans le silence.

Tout le reste de la nuit j'eus les oreilles écorchées

par les aboiements aigus des chacals, mais aucun autre bruit ne se fit entendre.

Dès le matin, et avant même que le jour fût levé, les Arabes qui avaient entendu mon coup de fusil étaient près de moi.

Leur première question fut celle-ci :

« L'as-tu tué ce Yudi (ce juif) qui nous a fait tant de mal? »

Un autre Arabe qui arrivait en ce moment dans l'autre sens leur répondit pour moi : « Le voilà ! le voilà !... »

En effet nous le retrouvâmes à vingt-cinq ou trente pas de mon embuscade, étendu tout de son long. Sa mort avait dû être presque instantanée.

Ce fut une véritable fête pour les Arabes de se voir débarrassés de ce voisin dangereux qui leur avait causé autant de dégâts que de frayeur.

Après avoir reçu tous les remerciments de ces pauvres gens, je repris le chemin de Batna, où je rentrai suivi de mon lion.

Cette seconde chasse m'avait fourni l'occasion de

4.

faire d'utiles observations qui m'avaient échappé jusqu'alors, et j'attendais déjà avec impatience l'occasion de les mettre en pratique.

IV

UNE FAMILLE A BOZZOLA

Du 15 avril au 25 août, j'ai, sans succès, continué mes sorties et mes explorations ; aucun lion ne m'a été signalé.

La principale cause de ces insuccès, c'est qu'à cette époque de l'année les tribus sahariennes, émigrant du sud, viennent prendre possession de toute la contrée montagneuse dont la fertilité assure pour toute la saison d'abondants pâturages à leurs troupeaux ; de sorte que le lion trouve une proie facile, presque à portée de ses repaires, ce qui lui évite la peine de la poursuivre jusque dans la plaine.

Le 25 août, j'étais sur le plateau de Bozzola, au lieu

dit la Fontaine-du-Lion ; ce plateau est situé à quatre kilomètres de Lambesse, et tout auprès d'un grand fourré dans lequel je venais de découvrir le repaire d'une famille de lions.

J'avais emmené deux mulets hors de service destinés à servir d'appâts à la voracité du lion. Je plaçai l'un de ces mulets sur le plateau même et tout près de la fontaine à laquelle aboutissent plusieurs chemins ou sentiers, de sorte que le lion, suivant n'importe lequel de ces chemins, pût voir la proie que j'offrais à sa convoitise.

Je plaçai le deuxième mulet en face du fourré à l'est, sur le versant nord-est du plateau. Comme ce dernier mulet était le plus près du fourré, je dus nécessairement établir mon embuscade en cet endroit. Je ne fis pas pour cela grand effort d'art ni de travail, car quelques branches rassemblées de manière à pouvoir me cacher composèrent seules mon abri.

A cinq cents mètres environ au-dessus de cette frêle embuscade, se trouvait une petite clairière de trente mètres de circonférence, où j'avais reconnu que les lions s'arrêtaient ordinairement en revenant de boire à la fontaine ; de là, descendant un petit sentier, ils suivaient un chemin qui traverse la montagne et conduit à Lambesse. C'était, d'après mes observations, la place où ils s'arrêtaient le plus souvent. L'endroit que j'avais choisi pour l'affût de cette nuit était donc favorablement situé, à proximité de ce lieu de rendez-vous des lions.

A six heures du soir, après m'être assuré que le mulet était solidement attaché, je prenais place à mon embuscade, prêt à tout événement.

Une heure s'était écoulée, lorsque j'entendis la voix d'une lionne dans le fourré dont j'ai parlé, plus haut que la petite fontaine ; une demi heure plus tard, les puissants rugissements d'un lion m'annonçaient une double visite. La nuit promettait d'être bonne, mais mon contentement fut plus grand encore quand des grognements partis du même point m'apprirent que toute la famille était réunie.

Cependant après quelques minutes d'attente je fus tout à fait désappointé, car, au lieu de se diriger droit vers moi, la famille léonine prit le chemin du plateau d'Oufassa à Lambesse, qui aboutit à la Fontaine-

du-Lion, où j'avais posté un de mes mulets. Le lion
et la lionne rugissaient avec force, et quand je les
entendis dans cette direction, je ne doutai pas un instant qu'ils ne dévorassent mon mulet ; je fus complétement confirmé dans cette pensée quand, tout à coup,
les rugissements cessèrent de retentir.

Cela me contraria, car j'étais à peu près certain que,
trouvant leur proie de ce côté, je ne les verrais pas
de la nuit, qui en effet se passa sans autre incident.

Le lendemain j'allai m'assurer de ce qu'était devenu
le mulet, et je ne fus nullement surpris de n'en retrouver que les quatre jambes, la tête et l'épine
dorsale presque décharnée ; et encore, si les lions
avaient laissé là ces débris, c'était parce que la solide
corde à laquelle était attaché le pauvre animal, les
avait empêchés de les entraîner.

Je pensai de suite que les lions reviendraient à
cette place et j'y installai une autre embuscade, après
quoi je reconduisis mon dernier mulet à une tribu voisine.

Le soir, j'étais embusqué au milieu d'un genévrier
dont j'avais bouché les jours en serrant les branches ;

seulement j'avais laissé une ouverture à l'entrée de
laquelle j'avais posé deux traverses en bois, paral-
lèles et horizontales, disposées comme un affût à
canon : au moyen de cette disposition il m'était facile
de faire coup double si la famille se présentait comme
la veille.

En plaçant mes fusils sur ces traverses, je pouvais
viser à 80 centimètres de terre, et je n'avais qu'à
baisser ou élever la crosse si mon tir l'exigeait :
dans ce cas, le canon venait reposer sur la seconde
traverse.

Le vent du désert qui, ce jour-là, soufflait violemment, chassait de légers nuages qui obscurcissaient la
lune, quoiqu'elle fût dans son plein. Fort heureusement les lions se chargèrent eux-mêmes de remédier
à cet inconvénient en venant se mettre franchement à
portée. A sept heures trois quarts je vis un premier
lionceau qui s'approchait sans bruit et sans rugissements.

D'après la résolution que j'avais prise d'essayer de
faire coup double, je m'abstins de tirer, car la famille
devait suivre de près. Je n'attendis pas longtemps ; un

moment après, arriva la lionne avec un deuxième
lionceau. Elle s'arrêta un instant comme inquiète,
mais le lionceau, plus affamé ou plus inexpérimenté,
s'approcha sans hésitation et se mit à manger. Rassurée par le silence qui l'entourait, la lionne vint bientôt
se coucher près des restes. Elle avait la tête reployée
sur le ventre, un des lionceaux à côté d'elle, l'autre en
face.

La position était excellente, il n'y avait pas à hésiter
un instant. Je saisis mes deux fusils, un de chaque
main, et après m'être assuré que mon tir était régu-
lier, je lâchai les deux coups, qui ne produisirent
qu'une seule détonation. La fumée m'empêcha d'abord
de voir les résultats de cette décharge, mais les cris
étranglés de la lionne et d'un des lionceaux qui s'enfuyaient me parurent de bon augure ; en effet, un
moment après je les vis se rouler à environ soixante
pas plus loin.

Je pensais qu'après cette double décharge les lions,
ayant pris l'éveil, ne reviendraient pas ; mais, vers
neuf heures, je vis reparaître le deuxième lionceau
qui grognait un peu ; quoique la lune fût obscurcie,

je le voyais parfaitement, assis sur son train de derrière et tout près de moi. Il s'offrait à mes coups avec trop de confiance pour que je le manquasse ; je fis feu : il jeta un cri comme les autres, puis, après avoir râlé un peu plus longtemps, il alla rouler à environ cent pas, près de la lisière du bois.

Ce triple succès me faisait vivement désirer l'arrivée du lion dont je me croyais déjà maître. Je l'attendis vainement ; le reste de la nuit se passa sans que j'eusse d'autre visite que celle des chacals qui flairaient les débris du festin.

Au point du jour je quittai ma retraite et m'avançai, prêt à toute rencontre, à la recherche de mes victimes. Quelle fut mon agréable surprise de les retrouver toutes trois mortes et étendues à quelques pas les unes des autres !

La lionne était énorme et les lionceaux pouvaient avoir environ quinze mois !

Très-fier du résultat de cette expédition, je rentrai à Batna, accompagné jusqu'à la route de Lambesse par les Arabes qui témoignaient leur joie à grands cris et à coups de tam-tams.

5

Deux jours après, je vis arriver à la maison des Arabes qui m'annoncèrent que le grand lion avait dévoré, sur le plateau de Bozzola, auprès des ruines, le mulet que j'avais laissé dans la tribu.

Il était à peine dix heures du matin ; je fis mes préparatifs à la hâte et je partis avec eux. J'arrivai à Bozzola à une heure après-midi environ.

Je trouvai, en effet, à cent cinquante mètres à peu près de la Fontaine-du-Lion, dont je viens de parler, le mulet abattu au milieu du plateau, mais presque intact. Il était à peine éventré ; cependant les deux cuisses étaient entamées, et déjà les oiseaux de proie commençaient à s'abattre sur lui.

Comme le lion s'était attaqué la nuit précédente aux troupeaux de la tribu, il était repu outre mesure, et il avait sans doute abattu la pauvre bête plutôt par instinct de destruction que par besoin de nourriture. Du moins est-ce ainsi que je me suis expliqué comment il avait laissé le mulet presque entier.

Le mulet gisait au milieu de la plaine et loin du bois. Pas un endroit qui me permit de me cacher ! Je dus remédier à cet inconvénient.

Je fis creuser, au milieu des ruines, un trou que j'entourai d'énormes pierres de taille qui avaient dû servir d'assises à un édifice; garanti de cette façon, il n'y avait plus aucune espèce de danger.

Le soir, vers sept heures, j'étais enfermé dans ma petite forteresse. A la nuit tombante, les chacals vinrent à grands cris flairer autour du mulet, puis un moment après parut une énorme hyène. (Le chacal est en quelque sorte le pourvoyeur de la hyène, qui n'a pas d'odorat, et n'est attirée vers sa proie que par les cris du chacal.) L'animal vint s'asseoir sur le bord du bois, à environ cent cinquante mètres de moi; à huit heures, elle s'approcha du mulet en tournoyant, et se mit à manger avec voracité. Je la regardai pendant quelque temps sans la déranger; elle dévorait de bon cœur, c'est dans sa nature. Je ne voulus pas la tirer, car j'attendais le lion, et je l'éloignai avec des pierres. Peut-être tout autre chasseur n'eût-il pas dédaigné d'essayer sur elle l'effet d'une balle.

Jusqu'à onze heures, hyène et chacals ne cessèrent de tourner autour du mulet, mais tout à coup un rugissement se fit entendre dans le fourré, à trois cents mètres, du côté ouest, et les mit en fuite dans le bois.

Le lion, maître du terrain, parut alors et vint s'asseoir en souverain sur le bord du bois, puis, poussant quelques rugissements, il décrivit un cercle autour du plateau, sans cependant quitter la lisière du bois ; de temps en temps il s'arrêtait, se couchait, puis se relevait en faisant entendre sa forte voix, et continuait sa course circulaire, manége qu'il exécutait, sans doute pour éloigner de sa proie les hyènes et autres carnassiers qui n'eussent guère songé à la lui disputer.

Vers deux heures du matin la lune était des plus belles, et j'attendais toujours l'arrivée du lion sur le mulet ; mais tout à coup il poussa de formidables rugissements, rentra dans le bois à l'endroit même d'où il était sorti, et je ne le revis plus de la nuit.

Cette visite du lion m'avait cependant fait espérer qu'il reviendrait la nuit suivante, et je ne renonçai pas encore à l'attendre. A la pointe du jour, je couvris le mulet avec des branches maintenues par de grosses pierres, et je revins passer la journée à Batna.

Le soir et à la même heure que la veille, je rentrai dans mon trou, et, comme la veille aussi, je fus importuné par ces maudits chacals, tellement audacieux que je fus obligé de les éloigner à coups de pierres.

A neuf heures parut un superbe lynx qui vint sans façon jusqu'au mulet et se mit à manger. J'avais rarement vu des animaux de cette espèce, et je le contemplai avec autant d'intérêt que de surprise.

Un moment après, un énorme sanglier, débûchant à grand bruit, vint se vautrer dans la fontaine, et fit disparaître le lynx.

Ce furent là les seuls incidents de cette nuit. Le lion ne signala sa présence ni de près ni de loin.

Le lendemain je fouillai avec soin tous les repaires environnants, et je découvris dans le grand ravin de l'ouest, au bout du taillis, une énorme trace qui me convainquit que le lion avait passé par là pour aller à une petite fontaine située au fond du ravin. Il était hors de doute qu'il était venu boire à cette fontaine la nuit dernière, et cela me détermina à aller le guetter de nouveau la nuit prochaine.

Avant la chute du jour j'étais donc installé. Mon

attente fut de courte durée, car au bout de quelques minutes, je vis sortir du fourré un superbe lion à tous crins, qui s'avançait sans pousser aucun rugissement, mais très-doucement et en s'arrêtant très-souvent pour observer les environs. Ce lion était de la race fauve, de taille énorme ; sa crinière flottant au vent était éclairée par les derniers rayons du soleil, chaque tresse ressemblait à un jet de flamme.

Il s'avançait toujours avec lenteur et circonspection. Arrivé à six pas du mulet, il s'arrêta, mit le nez au vent et resta dans cette position.

Je crus que l'instant était favorable, la portée étant bonne ; je l'ajustai au-dessous de l'œil droit, et je fis feu. La bête tomba sur le coup, mais, avant que j'eusse pu la voir à travers la fumée de la poudre, elle avait disparu. Au moment de mon feu, le sifflement bien connu d'une balle déformée qui se fit entendre derrière le lion, et quelques petites branches coupées que je retrouvai, me firent comprendre comment il avait été sauvé. Comme il avait le cou allongé et la tête roidie, l'os frontal se trouvait presque parallèle à la terre, de sorte que la balle avait glissé sur le front sans pénétrer, et était allée se perdre dans l'espace.

Le lion, terrassé par le choc, s'était relevé presque aussitôt; mais quelques gouttes de sang que je remarquai à l'endroit où je l'avais tiré me prouvèrent que ma balle avait porté juste.

La nuit se passa silencieuse, et le lendemain, après des recherches inutiles pour retrouver le lion que je croyais avoir blessé assez grièvement, ne découvrant rien, et renonçant à le poursuivre davantage, je rentrai chez moi, très-satisfait cependant de cette campagne puisqu'une belle lionne et deux lionceaux en avaient été les trophées.

V

MA SIXIÈME VICTOIRE

Toujours dominé de plus en plus par ma passion pour ces chasses émouvantes, je repartais le 3 septembre pour la forêt de Sgag. Cette forêt, peuplée de cèdres magnifiques, est située à huit lieues environ de Lambesse. Je suivis le chemin qui conduit au plateau de Taph'rinth, où je trouvai trois tribus qui y avaient dressé leurs tentes.

A mon arrivée, les Arabes me dirent que le lion venait presque toutes les nuits, et qu'à chaque visite ils étaient victimes de sa rapacité.

Ces renseignements me décidèrent à m'arrêter là; une de ces tribus était campée près du bois, ce qui donnait au lion plus de sécurité et de hardiesse pour s'en approcher. Le douar était, il est vrai, entouré d'une enceinte comme celle dont j'ai déjà parlé, mais c'était là un bien faible rempart contre les attaques de ce terrible voisin, et chaque nuit était marquée pour cette tribu par la perte d'un bœuf, d'un mouton, etc.

La veille même le lion était venu, et après avoir exploré les environs, j'acquis la certitude qu'il arrivait toujours par le même côté et qu'il devait passer tout près d'un vieux genévrier au tronc rabougri.

Ces indices promettaient et le lieu était propice; ce fut donc là que je dressai mon affût, dans le genévrier même; à cent pas de là et à deux cents mètres du campement de la tribu se trouvait un petit ruisseau.

Les Arabes me donnèrent un mouton que, quelques

jours auparavant, ils avaient pu arracher des griffes du lion, et qui avait les cuisses déchirées.

J'attachai solidement ce mouton à deux mètres seulement de mon embuscade, car à une distance plus grande, je n'aurais pu distinguer nettement les objets, la lune étant à son déclin et ne devant pas se montrer la nuit suivante.

A la chute du jour, et après avoir achevé mes préparatifs, j'étais blotti dans le genévrier.

Pendant longtemps je n'entendis rien que le sifflement du vent du nord-ouest à travers les branches, et les continuels aboiements des chiens de la tribu qui me tenaient en éveil.

A onze heures du soir le mouton donna des signes manifestes d'inquiétude d'abord, puis de terreur ; il frappait la terre de ses pieds. C'était pour moi une preuve évidente de l'arrivée du lion ; je regardai de tous côtés, mais sans rien apercevoir.

Quelques minutes se passèrent dans cette perplexité ; puis, à force de fixer attentivement, je découvris un peu loin une masse très-noire qui se projetait dans une clairière, près du ruisseau. Cette masse traversait

la clairière et se dirigeait vers moi; cinq minutes
après, elle prenait la forme d'un bel et beau lion, qui,
soudain, s'élança sur mon mouton. Cette pauvre bête
poussa un cri, un seul cri, et tout fut dit.

Dans son élan, le lion comptait emporter sa proie,
mais la corde fit résistance, et il disparut en laissant sa victime. Il revint presque aussitôt, avec circonspection cette fois, et en arrivant près de l'appât
il parut observer attentivement les abords, du côté
de la tribu.

Dans cette position il me présentait le flanc gauche,
mais l'obscurité était devenue si complète que je ne
voyais qu'une masse noire ; néanmoins j'ajustai au
juger, et je fis feu. Le lion atteint tomba sur place en
exhalant des cris plaintifs et étranglés ; puis, se relevant, il alla d'un seul bond rouler jusqu'auprès du
ruisseau.

Là, il fit entendre encore quelques cris d'agonie,
puis le silence se rétablit profond. J'étais à peu près
certain dès lors qu'il devait être mort.

Vers minuit et demi je quittai tout doucement mon
embuscade et je me rendis à la tribu, où les Arabes,

prévenus par mon coup de feu, accoururent me remercier de tout cœur de les avoir soustraits à l'impôt
quotidien que ce lion prélevait chaque nuit sur eux.
Dans leur impatience, ils voulaient même que je les
conduisisse à l'endroit où je l'avais vu tomber. Je leur
fis comprendre toute l'imprudence de cette démarche : le lion, quoique mortellement blessé, pouvait
conserver assez de force encore pour faire payer cher
sa mort à l'un de nous, surtout par une nuit aussi
sombre, où on ne pouvait s'avancer qu'à tâtons.

Les chiens qui sentaient probablement leur ennemi, hurlaient avec rage, et, quelque désir que j'eusse
de me reposer, je ne pus, au milieu de ce vacarme,
parvenir à m'endormir, malgré le besoin que j'en
ressentais.

Je passai donc le reste de la nuit à causer avec
les Arabes.

Le lendemain, 4 septembre, je partis à la recherche du lion, et sa trace de sang, que je suivis depuis
l'endroit où je l'avais tiré, me conduisit sur le bord
du ruisseau, où je le trouvai étendu. En m'appro-
chant je reconnus qu'il était mort, et qu'il n'avait

6

pas dû survivre plus de cinq minutes à sa blessure.

Je lui ouvris le ventre pour en extraire les entrailles, et je constatai que ma balle lui avait traversé le corps de part en part, en lui broyant le cœur.

Pendant ce temps, les Arabes arrivaient en foule avec leurs femmes, le marabout en tête. Ils témoignaient leur joie par toutes sortes de démonstrations, et chantaient des versets du Coran. Il n'était pas jusqu'aux chiens eux-mêmes qui ne marquassent leur contentement en hurlant à pleins poumons.

Les femmes arabes voulaient à toute force que je leur donnasse les griffes et la crinière, que dans leur superstitieuse croyance elles s'imaginent être de précieux talismans ; mais je refusai absolument de leur permettre de mutiler ainsi la magnifique dépouille de mon lion.

Sur mon désir, deux de ces Arabes me prêtèrent un mulet, sur lequel je fis charger le corps de ma victime ; et je rentrai à Batna, où cette énorme bête fit sensation.

VI

QUATRE LIONNES A D'GENDLY

Ma vocation était déclarée : je ne rêvais plus que chasse, et chez moi c'était presque un besoin que de me trouver en face de ce terrible animal qui déjà ne me paraissait plus redoutable que par la frayeur qu'il inspire.

Le 12 septembre, j'avais deux mulets hors de service, que je résolus d'utiliser de suite, et le 15 je partis pour D'Gendly, près Chemora.

D'Gendly est une petite contrée fertile, située au pied de la montagne du Bou-Arif, à six kilomètres à l'ouest de Chemora, près de la fontaine qui porte son nom. Cette fontaine est célèbre dans le pays, parce

qu'elle renferme une prodigieuse quantité de matières cuivreuses qui révèlent dans le voisinage une
mine de cuivre d'une grande richesse.

Dans ces parages se trouve l'usine Pérès, située sur
la rivière de l'Oued-Taga; on y exploite le sorgho,
plante sucrée qui a beaucoup d'analogie avec le maïs,
et de laquelle on extrait un alcool assez estimé.

J'attachai mes deux mulets, l'un près de la rivière,
et l'autre au milieu des tamarins qui abondent aux
environs de la fontaine de D'Gendly.

Ce fut près de ce dernier que le soir, vers six
heures, je vins m'installer dans un bouquet touffu de
tamarins.

Le temps était superbe, la lune radieuse ; il soufflait un petit vent du nord; la nuit, en un mot,
s'annonçait bien.

Néanmoins, je ne vis ni n'entendis rien qui pût
frapper mon attention.

Le lendemain, après avoir été me restaurer à la
cantine de l'usine, je parcourus la campagne pour
reconnaître si quelques indices pouvaient m'annoncer la présence du lion.

A un kilomètre environ de l'usine, à l'est, près des champs de sorgho, je découvris, sur une terre molle, de nombreuses traces de lions qui suivaient la direction des fossés d'irrigation ; plus j'approchais de l'endroit où j'avais laissé mon mulet la veille, plus les empreintes étaient apparentes. Enfin je retrouvai la pauvre bête abattue dans un fossé au fond duquel les lions l'avaient entraînée, à cent pas de l'endroit où je l'avais attachée.

Le terrain sans consistance n'avait pu retenir le piquet que j'y avais enfoncé, et les lions n'avaient pas trouvé de résistance.

Je pensai qu'il y avait plus de chances favorables pour attendre la proie que je poursuivais à cet endroit, auprès du ruisseau, et je fis creuser derrière une touffe de tamarins un trou de trente à quarante centimètres, dans lequel je devais être complétement masqué par cette touffe. Puis, par un surcroît de prudence, je complétai ma retraite en entourant le trou avec des branches de taff; les ouvriers de l'usine vinrent m'aider à retirer le mulet du fossé et à le traîner à environ cinq pas de mon embuscade.

G.

Le soir, à six heures, j'étais à mon poste et prêt
aux événements. J'avais à peine eu le temps de
m'installer, que j'entendis partir du sorgho, derrière
moi, la voix d'une lionne, mêlée à des grognements
de lionceaux.

La famille, en longeant le fossé d'irrigation, se
dirigeait vers moi. Mais la vue de mon embuscade
frappa sans doute la lionne, car elle se mit à la con-
sidérer attentivement ; puis, au lieu de fuir, elle s'a-
vança par derrière moi (ce qui me surprit beaucoup),
et si près qu'elle toucha les branches de taff qui ser-
vaient d'enceinte à mon embuscade ; elle paraissait
même mettre de la persistance à s'assurer de ce que
c'était que cet obstacle.

Là elle finit par s'asseoir sur son derrière et demeura
tranquille. On doit comprendre de quel intérêt il était
pour moi que ma respiration ne trahît pas ma présence ; sentant l'importance de cette condition essen-
tielle, je pris un coin de ma couverture entre mes
dents, tout en suivant les mouvements de la lionne à
travers les interstices de mon embuscade.

Au bout de quelques instants elle se mit sur pied,

puis, par un dernier reste de défiance, elle leva la tête par-dessus les touffes de tamarins, souffla à deux reprises différentes, si près de mon visage que je sentis passer sur ma joue le vent de son haleine. Elle se passait en même temps la langue sur les lèvres, et poussait de petits grognements de joie fort peu rassurants.

Malgré tout le désir que j'en avais je ne pouvais la tirer, car mes armes étaient tournées vers le devant de l'embuscade, et le moindre mouvement pouvait me perdre. J'étais donc sans défense aucune.

Une minute à peu près se passa dans cet état ; sans doute complétement rassurée, la lionne me tira enfin de ma perplexité en se dirigeant vers le cadavre du mulet. Il était temps, car j'étouffais !...

Le fossé me séparait du mulet, la lionne le franchit, puis se mit à manger.

Comme elle me présentait parfaitement le côté droit, je n'hésitai pas à en profiter ; et je lui adressai ma balle au défaut de l'épaule.

En se sentant touchée, elle jeta un grand cri, puis fit un énorme bond en prenant la direction de la montagne, qu'elle semblait vouloir regagner.

Dans sa fuite, très-lente du reste, je l'entendais à chaque instant tomber, se relever, puis retomber lourdement, signe certain pour moi qu'elle était mortellement blessée.

Le silence se rétablit peu à peu ; mais la nuit ne devait pas finir sitôt.

Une demi-heure après apparut une deuxième lionne qui, moins prudente, s'élança sur l'appât sans hésitation ; elle se présentait si franchement que je ne pouvais lui faire une plus digne réception qu'en l'accueillant avec la même franchise. Comme elle était dans une position un peu oblique, l'arrière-train tourné vers moi, j'ajustai à la quatrième côte, afin que la balle pût, en lui traversant le corps, ravager les poumons. Au moment où je pressais la détente, un mouvement tournant de l'animal fit que ma balle le toucha vers la dernière côte, en le traversant toutefois de part en part. Néanmoins ce mouvement avait dérangé mon tir et trompé mes prévisions.

La lionne blessée fit retentir l'air de formidables rugissements, puis disparut dans le sorgho, en décrivant d'énormes bonds.

Je ne la revis plus, mais à chaque instant ses plaintes parvenaient jusqu'à moi.

Et de deux victimes! la séance devenait intéressante.

Toujours immobile et dans l'attente je restai à mon poste; une heure se passa sans nouvel incident.

La lune s'était couchée, et la nuit était devenue un peu sombre. Malgré ce léger désagrément je pus très-bien distinguer une troisième lionne qui venait de paraître.

Soit qu'elle eût vu sur sa route mes deux premières victimes, soit que les deux détonations de mes coups de fusil lui eussent inspiré de la défiance, elle s'avançait avec prudence, et en poussant de légers grognements; elle fit même un détour pour venir s'abattre sur le mulet, où elle arriva sans que je la visse. Ce n'est que le bruit de ses puissantes mâchoires qui éveilla mon attention et me révéla sa présence auprès de l'appât.

Je la fixais depuis quelque temps sans pouvoir distinguer ses formes, quand elle fit un mouvement autour du mulet. Alors je la vis, mais comme une masse

noire et confuse. Dans ces circonstances je ne pouvais
tirer qu'au juger : j'ajustai et fis feu. La bête bondit
par-dessus le mulet et disparut du côté de la montagne, en poussant des râles d'agonie.

Ces trois visites successives en moins de quatre
heures me semblaient être tout ce que je pouvais espérer, et je me disposais à prendre, dans mon poste,
une position commode pour dormir et me reposer sur
mes lauriers jusqu'au lendemain matin, quand, à ma
grande surprise, vers les dix heures du soir, retentirent les rugissements d'une quatrième lionne sur la
montagne du Bou-Arif. A l'entendre rugir à pleins
poumons, on devinait qu'elle était en fureur. Peut-
être cherchait-elle ou appelait-elle sa famille.

En moins d'une demi-heure, elle s'était rapprochée
jusqu'à cinquante pas de moi.

Puis, ce qui excita mon étonnement, elle franchit
cette dernière distance, toujours en rugissant, con-
trairement à l'habitude du lion qui s'apprête à saisir
sa proie.

La nuit était tout à fait sombre, je ne pouvais voir
la lionne, mais je l'entendais du moins. Arrivée près

de l'appât, elle cessa ses cris puissants, se plaça en travers de moi et commença à déchirer le mulet à pleines dents.

La place où j'étais embusqué était un peu en contrebas du terrain où se trouvait la lionne, de sorte qu'à la lueur de l'horizon je pus la distinguer parfaitement, se dessinant comme une noire silhouette.

J'eus tout le loisir désirable de choisir l'endroit où je voulais la toucher; je me décidai pour le défaut de l'épaule gauche.

A peine mon coup était-il parti que la lionne tomba comme foudroyée sur place, puis, se relevant aussitôt, elle sauta dans le fossé, grimpa sur le talus au bord duquel était mon embuscade, et s'arrêta quelques instants pour râler.

Je me trouvais sans fusil, ayant tiré mes quatre coups, il ne me restait plus que mes deux pistolets.

En cherchant à s'enfuir dans le sorgho, la lionne s'était avancée jusque sur moi.

Le danger était imminent; j'avais saisi mes pistolets et j'attendais pour en faire usage que la bête eût rompu la faible barrière qui me séparait d'elle, lors--

que, dans une dernière convulsion, elle saisit d'une de ses pattes de devant une des tiges du tamarin qui me cachait, en poussant un râle puissant. C'était le dernier sans doute.....

Elle roula dans le fossé et resta sans bouger.

Sentant cette bête si près de moi, et ne sachant si elle était tout à fait morte, j'étais attentif à tous les bruits qui se produisaient alentour, d'autant plus que si cette dernière lionne ne donnait aucun signe de vie, les trois autres témoignaient assez de leur présence et du danger qu'il y avait à en être aperçu. Elles se débattaient avec furie dans le sorgho, en remplissant les airs de leurs puissantes voix, qui semblaient autant de menaces à mon adresse; tout cela se passait à trois cents pas de mon embuscade. C'était beau, c'était imposant, c'était un sublime contraste au silence de cette nuit obscure; mais je ne sais pas si beaucoup, à ma place, eussent été parfaitement rassurés.

Dès les premiers moments qui succédèrent à ces scènes émouvantes, et par une sorte d'instinct de conservation je rechargeai mes armes, pour être en

mesure de faire tète au danger s'il s'en présentait. Je
me hâtai d'autant plus que mon attention venait d'è-
tre attirée par la voix des lionceaux qui buissonnaient
aux environs, mais sans s'approcher cependant.

A onze heures et demie environ, j'entendis le bruit
d'une voiture roulant sur le chemin qui conduit de
Chemora à l'usine, à cinq cents pas de moi. Arrivée
à la hauteur de mon poste, la voiture s'arrêta et une
voix se fit entendre, qui m'appelait par mon nom en
me criant : « Avez-vous réussi ? » Une seconde voix,
que je reconnus parfaitement, m'interpella aussi.
C'était celle de mon ami Nicolin, voyageant en compagnie de M. Righi, qui se rendait à sa propriété de
Chemora. Ils répétèrent plusieurs fois leur impru-
dente question ; je n'eus garde de leur répondre. A
mon silence, ils commencèrent à comprendre qu'il
y aurait du danger à stationner là plus longtemps,
et ils se remirent en route avec précipitation. Le
lendemain ils m'apprirent que mes coups de feu
leur avaient donné l'idée de m'appeler, et je leur fis
des reproches sur leur imprudence qui pouvait nous
perdre tous les trois.

7

Je laisse au lecteur à juger si je dus passer le reste de la nuit sans émotion, entouré de quatre lionnes, que j'étais certain d'avoir blessées, mais non tuées ; j'attendais impatiemment le jour pour aller visiter le champ de bataille, et m'assurer de mes succès.

Les plaintes des trois premières lionnes ne cessaient d'arriver jusqu'à moi.

A peine le jour était-il levé que l'ingénieur, tous les employés et les ouvriers de l'usine accouraient vers moi pour savoir le résultat de ma veillée, persuadés qu'il m'était arrivé un accident. Plusieurs d'entre eux, avertis par mes coups de feu que j'étais aux prises avec le lion, avaient même voulu venir à mon secours pendant la nuit, ignorant que leur présence ne pouvait qu'aggraver le danger. Mais M. Volgmouth, l'ingénieur, s'y était opposé en leur rappela t la défense expresse que j'avais faite, la veille, de tenter une pareille démarche ; ils avaient dû céder et attendre le jour.

A environ quarante pas de mon embuscade, ils retrouvèrent une des lionnes que j'avais tirées, morte auprès du fossé, en rase campagne ; c'est en ce moment, qu'aux cris qu'ils poussèrent, je me montrai.

L'ingénieur me serra la main, et avant que j'eusse pu répondre à ses félicitations, M. Volgmouth, en se retournant pour regarder mon embuscade, aperçut la lionne qui gisait dans le fossé, et s'écria : « En voici encore une autre ! »

Quand je lui racontai les circonstances qui avaient précédé la mort de cette dernière bête, il voulut entrer dans mon embuscade et chercha à se rendre compte des émotions que j'avais dû ressentir.

Au récit des diverses autres particularités de la nuit, ces messieurs me donnèrent les marques de la plus vive sympathie ; puis nous allâmes à la recherche des deux autres bêtes, que nous n'avions pas encore retrouvées.

Nous nous sommes d'abord attachés à la trace d'une d'entre elles qui, dans sa fuite, avait sillonné le sorgho en tous sens, et qui, de distance en distance, avait laissé des mares de sang ; nous comprîmes à leur direction que la lionne avait dû regagner la montagne.

Dans cette recherche, nous découvrîmes la route
qu'avait suivie la dernière ; ses empreintes étaient
partout mêlées aux taches de sang qu'elle répandait
en fuyant ; nous les suivîmes jusqu'à la montagne,
où je pris congé de ces messieurs pour continuer seul
ma poursuite. A trois heures du soir, je n'avais encore rien rencontré ; cependant j'étais certain dès
lors que j'avais blessé grièvement ces deux lionnes,
et qu'elles ne pouvaient pas longtemps se soustraire
à mes recherches.

A ce moment, la fatigue et le besoin de nourriture
me forcèrent à rebrousser chemin, car depuis la
veille je n'avais rien pris.

Je revins donc faire enlever les deux lionnes qui
étaient restées sur place, et je les fis porter à Batna,
où je rentrai le jour même.

Quatre jours après, des Arabes qui faisaient paître
leurs troupeaux sur la montagne, furent saisis d'une
terreur panique en voyant s'enfuir en désordre et
précipitamment chèvres, moutons, bœufs, etc., au
traverser d'un taillis très-épais.

Ces pâtres étaient trois, armés chacun d'un fusil ;

poussés par la curiosité, ils voulurent connaître la cause de cette panique, et s'engagèrent à une cinquantaine de pas dans le taillis; quels furent leur frayeur et leur étonnement en y rencontrant une lionne blessée et donnant à peine quelques légers signes de vie! Deux de ces Arabes prirent la fuite ; le dernier, un peu plus courageux, ajusta la lionne pour l'achever, mais son fusil rata.

Cet Arabe avait remarqué qu'à l'approche des deux autres, la lionne avait fait un effort pour se soulever, puis était retombée lourdement. Cette remarque l'enhardit ; il rappela les fuyards qui revinrent avec d'autres Arabes, et tous ensemble ils achevèrent de tuer la lionne avec des cailloux.

Chacun d'eux alors se mit à en couper un morceau, qui de la tête, qui des pattes, et surtout de la peau, pour s'en faire des talismans. Puis, le même jour, ils vinrent me prévenir de leur découverte.

Je partis tout de suite avec eux, et retrouvai en effet une des deux lionnes que j'avais poursuivies si longtemps. Elle était venue expirer en cet endroit,

7.

qui n'est éloigné que d'un kilomètre de celui où j'avais abandonné ma poursuite.

Pendant que j'étais sur les lieux et éclairé par ce qui s'était passé, je fouillai tous les repaires pour tâcher de découvrir ma quatrième victime. Mes recherches furent de courte durée, car, à peine à un kilomètre et demi de là, planant au-dessus d'un grand ravin du versant sud du Bou-Arif, je vis une nuée de vautours qui tournoyaient dans l'air et s'abattaient incessamment. Arrivé au fond de ce ravin, je retrouvai la dernière lionne déjà en putréfaction et à moitié dévorée par les vautours.

Il paraîtra peut-être un peu surprenant que je n'aie pas continué à poursuivre les deux lionnes blessées, quand je n'en étais plus éloigné que d'un ou deux kilomètres ; mais à cette époque je n'étais pas encore initié comme aujourd'hui à cette chasse, et je ne savais pas jusqu'où la poursuite aurait pu m'entraîner.

Il eût été plus simple, en effet, d'envoyer à Batna les deux lionnes mortes, et de recommencer mes recherches après avoir pris quelque repos, comme je

l'ai fait depuis ; c'est à coup sûr ce que je ferais aujourd'hui, si pareille occasion se représentait.

Je continuai encore pendant quatre jours à fouiller
attentivement la montagne, visitant tous les repaires
et les ravins, mais ce fut sans succès ; alors seulement je me décidai à terminer là cette expédition.

VII

UNE ÉNORME LIONNE QUI AVAIT LA PRÉTENTION DE SE VENGER

Je prenais, depuis près d'un mois, un repos dont j'avais bien besoin, lorsque, le 20 novembre, je reçus la visite de quelques Arabes envoyés par le caïd de Chemora ; ce chef me faisait savoir que, chaque nuit, les lions venaient enlever quelques têtes de bétail, dans les tamarins situés entre le bordj du Caïd et le moulin Righi.

Je fis immédiatement mes préparatifs et je partis le jour même, en chargeant ces Arabes de m'amener un vieux cheval que j'avais à la maison.

Le soir, à huit heures, j'étais arrivé à Chemora, à la tribu de l'Arabe El-hadj-el-Arbi, que je connaissais. Je m'y reposai toute la nuit, et le lendemain matin, voulant m'assurer si les Arabes m'avaient dit vrai, je fouillai les tamarins, où je trouvai effectivement de nombreuses traces de lion. Je remarquai surtout, près d'un barrage conduisant l'eau au moulin, la place où les lions attendaient les troupeaux venant à l'abreuvoir et les attaquaient au passage. Les tamarins, plus épais en ce lieu que dans les environs, permettaient aux lions de déguiser leur présence; je choisis donc cette place pour m'y installer la nuit suivante.

J'attachai à cent cinquante pas du barrage le cheval que les Arabes m'avaient amené, auprès d'un bouquet de tamarins, où je le fixai avec de bons liens en alpha.

Pour tous préparatifs je rassemblai les touffes de

l'arbuste pour me cacher le mieux possible ; ce fut là toute mon embuscade !

A trois heures du soir, j'allai prendre quelque nourriture à la tribu ; puis, après quelques moments de repos, je retournai m'installer dans mon buisson. Je m'étais muni d'une forte corde, car j'avais peur que les liens d'alpha qui entravaient le cheval ne présentassent pas assez de résistance.

J'étais à l'affût à cinq heures environ, et je ne fus pas peu surpris à mon arrivée de trouver mon cheval abattu déjà et entraîné à une centaine de pas.

Quand je parus, deux énormes lionnes, accompagnées de deux lionceaux, se tenaient auprès de l'animal. Je les trouvai assises à côté de leur victime. Elles me regardaient avec assurance et ne paraissaient nullement disposées à me céder le terrain.

J'imitai les cris des Arabes pour les éloigner, mais elles y firent à peine attention et ne bougèrent pas de place. Je ne pouvais impunément risquer de les tirer ainsi ; je m'y serais pourtant décidé si je n'avais eu qu'un seul individu en présence, et je crois que j'aurais eu l'avantage dans ce combat. Mais ils étaient

quatre, et les chances se trouvaient par trop iné-
gales.

Il fallait cependant que, pour un moment au moins,
j'eusse le champ libre. J'usai d'un dernier moyen. Tout
en continuant à crier, je ramassai des pierres et je me
mis à courir sur les lionnes. Je réussis cette fois. Elles
déguerpirent, mais très-lentement et en se retournant
de temps à autre, comme pour me montrer qu'elles
conservaient une défensive menaçante.

A vingt-cinq pas de l'endroit où elles venaient de
rentrer se trouvait une petite touffe de tamarins. Certain que les lionnes repasseraient par là, je résolus
d'y passer la nuit. D'ailleurs le temps et les forces
me manquaient pour traîner le cheval près de ma
première embuscade.

Je m'installai donc dans ce chétif abri et j'attendis.

Vers huit heures, lionnes et lionceaux commencèrent à rugir sur des tons aigus, puis je n'entendis
plus aucun bruit, si ce n'est celui des pas de ces animaux, qui rentraient dans leurs repaires.

Aucune nouvelle apparition de lion pendant tout le
reste de la nuit.

Au matin, deux Arabes, envoyés par le caïd, vinrent s'informer du résultat de ma veille. Je profitai de leur présence pour leur faire traîner le cheval auprès de ma première embuscade, où j'espérais revoir les lions la nuit prochaine. Je le couvris de branchages et je rentrai à la tribu d'El-Arbi, où je fus reçu et traité amicalement, et où on me prodigua la diffa. Je n'avais pas souvent été traité de cette sorte chez les Arabes.

Je passai la journée entière sous la tente et dans le repos le plus absolu.

Le soir, à cinq heures et demie, j'étais à mon poste. A peine installé, j'entendais à deux cents pas environ des grognements qui se rapprochèrent presque aussitôt.

A six heures, le jour n'était pas encore tombé que je vis une lionne qui s'avançait sans bruit, en tournant la tête en tous sens pour étudier les environs et s'assurer de ce qui lui paraissait suspect.

Arrivée près du cheval, elle se coucha derrière lui de façon que, dans cette position, le train de derrière de la lionne était seul visible : tout le reste de son

8

corps était masqué par le cheval. Je fus donc forcé d'attendre un moment plus favorable. D'ailleurs, comme j'étais à peu près sûr de voir paraître la deuxième lionne, je me résignai plus patiemment, espérant avoir la chance de faire coup double.

En effet, un moment après, la seconde lionne vint rejoindre sa compagne, et s'avança sans défiance jusqu'à un mètre de l'appât, en face de moi. La première conservait toujours la même attitude, et je craignais, en tardant davantage, de perdre l'occasion qui se présentait. J'ajustai donc celle qui se trouvait le mieux à portée, et qui me montrait sa large poitrine, et je fis feu. La bête tomba sur place.

J'avais cependant pu remarquer que, en se dirigeant vers le cheval, et au moment même de mon feu, la lionne avait fait un mouvement; aussi ma balle, au lieu d'arriver en pleine poitrine, n'avait frappé qu'à l'épaule, qu'elle avait fracassée complétement.

La bête blessée se roula pendant quelques instants avec furie. J'aurais pu redoubler de mon second coup, mais je la croyais sur le point de mourir. Toutefois je la suivais attentivement de l'œil, dans la crainte qu'elle vînt à me découvrir. Tout à coup elle se releva et prit sa course vers un fourré très-épais, dans lequel elle disparut au milieu des tamarins, près de la rivière de l'Oued-Taga, à cent pas environ de mon embuscade.

Dans sa fuite elle poussait des plaintes très-fréquentes ; d'où je conclus qu'elle était grièvement blessée et qu'elle ne pouvait aller bien loin.

Un moment après j'entendis l'autre lionne et les deux lionceaux qui s'élançaient dans le fourré et regagnaient leur repaire.

La nuit ne fut plus marquée par aucun événement, mais je fus constamment tenu en éveil par les plaintes continuelles de la lionne blessée.

Le lendemain, 25 novembre, je quittai mon embuscade au jour naissant. En inspectant le terrain, j'aperçus un énorme chacal qui se promenait dans la direction où j'avais vu disparaître la bête que j'avais tirée. L'idée me vint de lui envoyer un coup de fusil, espérant que la lionne, que je savais très-près, trahirait la place où elle se recélait ; en effet, au bruit de cette détonation, elle poussa trois ou quatre grognements qui m'indiquèrent le côté où je devais diriger mes recherches. Je rechargeai mon fusil et me mis en quête : la trace du sang qu'elle avait répandu dans sa fuite me guidait.

Prévoyant une lutte opiniâtre, j'avais pris mes deux fusils, l'un à la main, l'autre en bandoulière; mes deux pistolets et mon couteau de chasse étaient à ma ceinture; ainsi paré à tout événement, je m'avançai avec confiance.

Pour arriver à l'endroit où était cachée la lionne, il aurait fallu traverser des fourrés de tamarins tellement épais, que la plupart du temps j'aurais été forcé de marcher sur mes mains; en présence d'obstacles qui devaient paralyser ma défense, je crus prudent de prendre une autre direction pour tourner ces buissons, et j'abandonnai la trace de sang.

Je me dirigeai vers le barrage, en décrivant une courbe et en longeant la rivière, où, sachant que la lionne n'était pas morte, j'avais calculé, qu'en cas de danger trop pressant, je pourrais me jeter et me garantir ainsi de ses attaques redoutables.

Je marchais très-lentement, observant à chaque pas

et très-minutieusement toutes les touffes de tamarins qui m'entouraient. J'arrivai ainsi jusqu'à une petite éclaircie de trois mètres de diamètre. Du milieu de cette place je fouillai de nouveau de l'œil les buissons tout autour de moi.

Tout à coup, d'une touffe de tamarins, en face, je vis s'élancer la lionne furieuse; par un dernier effort, elle allait bondir sur moi; le danger était pressant, la moindre hésitation me perdait. J'ajustai la bête à la poitrine et je fis feu, tout en opérant une volte à gauche ; car, alors même que mon coup de feu l'eût mise hors de combat, elle pouvait encore retomber sur moi et m'écraser dans sa chute.

Bien m'en prit, en effet; elle vint s'abattre juste sur la place que je quittais. Elle poussa encore un soupir puis resta immobile. Elle était morte! Ma balle, cette fois, était entrée en pleine poitrine, puis lui avait traversé le corps en lui broyant les poumons et lui fracassant l'épine dorsale.

Je m'approchai et ne pus me défendre d'une vive émotion à sa vue, car la bête était énorme. C'est une des plus grosses que j'aie tuées.

8.

Le caïd avec toute sa smala accourut me remercier ; les félicitations me furent prodiguées, puis il
m'emmena à son douar, où il me fit servir une diffa
splendide, après laquelle je pris congé de lui, suiv
d'un mulet qu'il mit à ma disposition pour transpor
ter à Batna mes dépouilles opimes.

VIII

UNE PANTHÈRE

Le 1ᵉʳ janvier 1859, j'étais en excursion dans l'Aurès, et je me trouvais, à cinq heures du soir, à un endroit nommé la Vallée de Tiphrés'in, à six lieues environ au sud de Lambesse.

La nuit venait, le temps était affreux; la neige qui tombait à gros flocons ajoutait encore à l'obscurité, de sorte que je me vis forcé de chercher un refuge dans un de ces gourbis arabes construits par les tribus sahariennes qui désertent ces parages en hiver pour retourner dans leur pays.

Il faisait un froid glacial, et pour résister à l'engourdissement qui me gagnait, je dus traîner à l'entrée de mon gourbis des bourrées auxquelles je mis le feu, ce qui me rendit la nuit à peu près supportable.

J'étais sur pied dès la pointe du jour, et en regardant au dehors je fus agréablement surpris de découvrir en face de moi, sur le versant nord de la montagne, une troupe de sangliers qui fuyait avec précipitation vers le bois.

Je pris mes armes et courus dans la direction des fuyards pour chercher la cause de cette rentrée matinale de sangliers, car il n'est pas dans les mœurs de ces animaux que, par un jour de mauvais temps, ils quittent leurs retraites de si bonne heure ni surtout qu'ils y rentrent aussi vite.

Je descendis donc dans un ravin sillonné par un ruisseau, où je ne tardai guère à retrouver les traces de mes fuyards ; mon doute fut tout à fait éclairci en découvrant, mêlées à ces traces, des empreintes à peu près semblables à celles d'un lion de petite taille. En suivant ces empreintes, en les examinant plus attentivement, je m'aperçus bientôt qu'elles étaient celles d'une panthère.

Tantôt sous le grand bois, tantôt dans les épais taillis, cette panthère poursuivait de près les sangliers qui s'enfuyaient rapidement en serpentant à travers bois, pour échapper à leur ennemie.

Le temps était aussi mauvais que la veille ; la neige tombait avec abondance, et il fallait ma passion pour la chasse pour persévérer dans l'entreprise.

Une couche de neige épaisse de trente-cinq centimètres couvrait la terre et surchargeait les arbres ; je ne pouvais que difficilement et en écartant les branches me frayer une voie à travers le fourré ; souvent même j'étais obligé de marcher sur les genoux. La neige avait pénétré mes habits et j'étais mouillé jusqu'aux os.

Toujours poursuivis à outrance, les sangliers avaient quitté le couvert et s'étaient mis à fuir en rase campagne ; quant à la panthère, elle s'était arrêtée à la lisière du bois où elle s'était assise.

Les sinuosités du terrain me la firent bientôt perdre de vue ; mais je remarquai que la place où elle s'était arrêtée n'était pas encore, quand j'y arrivai, recouverte par la neige, ce qui me fit juger que la bête avait quitté cette place depuis peu de temps et qu'elle ne pouvait pas être bien loin.

Conduit par sa trace parfaitement imprimée sur la neige, j'arrivai à une petite vallée en entonnoir, couverte de taillis épais, faisant face à l'ouest.

A l'est de cette vallée se trouvent de grands rochers escarpés dominant un précipice de cent mètres de profondeur. Je venais de faire dans cette poursuite une marche de cinq kilomètres.

En suivant les pas de la panthère pendant deux cents mètres encore, je parvins à ces rochers, et, les traces continuant à longer ces blocs énormes, je pensai que la bête était rentrée dans son repaire.

La prudence m'empêchait de m'engager dans le taillis; je fis donc un demi-tour circulaire pour gagner le point culminant des rochers; là, en m'aidant de toutes les aspérités de la pierre, je m'avançai jusqu'au bord du précipice, où je me mis à plat ventre, dans la crainte d'être saisi par le vertige.

En me penchant un peu au-dessus de l'abîme, je pus voir la panthère qui se promenait dans un espace de cent pas, entre les rochers et le taillis, allant et venant toujours sans s'arrêter.

J'étais certainement trop loin encore pour que je pusse la tirer avec avantage; en conséquence, faisant un nouveau détour le long des rochers, je me dirigeai vers une crevasse où j'avais remarqué des blocs de rocs qui s'étaient détachés du groupe principal et qui, en me cachant, me permettraient d'approcher de l'animal.

Un léger vent du sud qui soufflait emportait le bruit de mes pas ; la panthère ne pouvait donc sentir ma présence si près d'elle.

J'avançai tout doucement, me dissimulant derrière les rochers et les bouquets de houx et de genêts, et je parvins ainsi jusqu'à un dernier bloc auprès duquel la panthère venait terminer sa promenade. Ce bloc était partagé par une petite fissure, tapissée de lierres que j'écartai de la main, et je pus dès lors suivre tous les mouvements de l'animal, jusqu'au moment où je le vis revenir vers moi. J'attendis pour la tirer, que la panthère ne fût plus qu'à quinze pas de moi. En assurant ma position, je fis un mouvement presque

imperceptible du pied droit. La panthère l'entendit;
elle s'arrêta et mit le nez au vent. Son large poitrail
se trouvait, dans cette position, entièrement à découvert, et m'offrait un but superbe; j'en profitai de suite
et je fis feu : elle tomba sur place, donnant à peine
quelques signes de vie.

Je rechargeai mon fusil avant de me montrer, puis je
marchai sur elle. Il y avait à peine deux minutes que
j'avais tiré; elle était bien morte pourtant, et sur le
coup. Je m'en approchai alors et je pus à mon aise
l'examiner et caresser son soyeux pelage.

Remarquant que cette panthère avait les flancs
très-proéminents, je me mis immédiatement à l'ou-
vrir, et je trouvai dans son ventre trois petits fœtus,
de l'examen desquels je conclus approximativement
qu'elle aurait pu mettre bas deux mois plus tard.

Peu expert, du reste, en cette matière, je laisse à
mon ami Bombonnel le soin de juger la chose.

Il était entre dix et onze heures du matin, et je re-
venais au gourbis quand, chemin faisant, je tombai
par hasard sur la bauge d'un vieux solitaire qui, à
mon approche, s'échappa de son gîte et vint passer,

à fond de train, à trois ou quatre pas de moi. Quelque précipitée que fût sa course, j'eus cependant le temps de lui servir deux balles, qui l'envoyèrent rouler à trente ou quarante pas plus loin, près d'un petit ruisseau.

Ce sanglier est un des plus gros que j'aie jamais vus.

Je ne prolongeai pas davantage cette expédition et, très-satisfait de son résultat, je rentrai chez moi le même jour, ramenant les dépouilles de ma panthère et de mon sanglier.

9

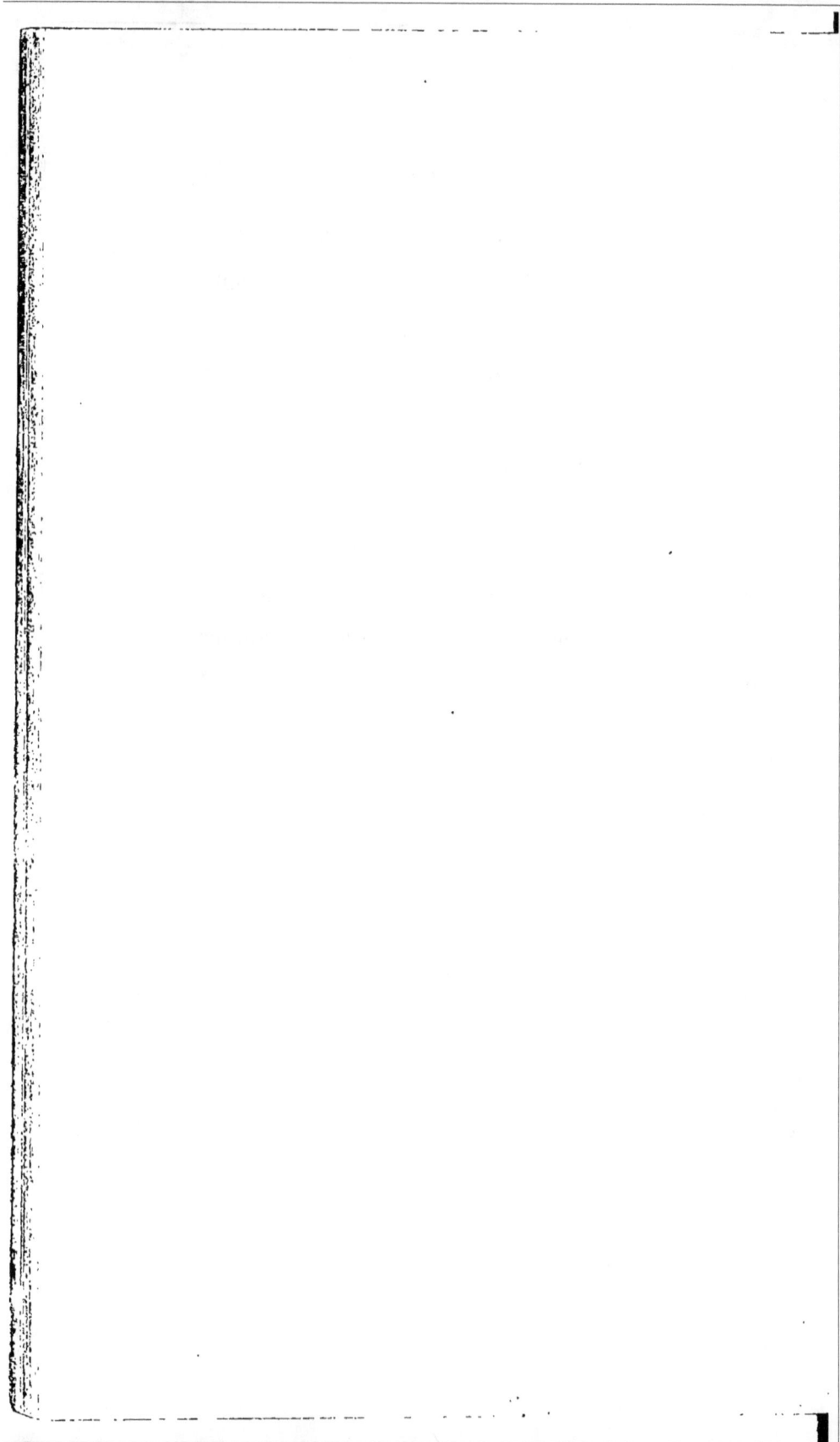

AUTRE FAMILLE DE LIONS AU BOU-ARIF — LE RAVIN TISPHRA
ILS ÉTAIENT SIX — LE GRAND LION EN FURIE

Le 7 janvier, cédant aux sollicitations des Arabes d'El-Mader, j'étais en route pour me rendre au ravin de Tisphra, au pied du Bou-Arif et sur le versant nord de cette montagne. A quatre heures j'étais arrivé.

Le temps était encore abominable, un vent nord-ouest soufflait avec violence, et la neige, qui tombait à gros flocons, avait couvert le sol d'une couche de trente centimètres d'épaisseur.

A mon arrivée, les Arabes m'apprirent qu'une famille de lions avait élu domicile auprès de la fontaine de l'Oued-Tisphra. Ils étaient six, me dit-on, dont deux lionnes, un énorme lion et trois lionceaux. Ces six animaux s'étaient acharnés sur trois ou quatre tribus campées dans le ravin, à cinq ou six cents mètres au nord, près du chemin de Batna à Chemora.

Deux autres tribus, qui habitaient à l'ouest, recevaient aussi très-fréquemment la visite de ces lions qui semaient le carnage parmi leurs troupeaux. Ce fut près de ces deux tribus que je m'arrêtai et que je résolus d'attendre ces redoutables adversaires.

La première nuit je dus rester au douar, car le temps était trop mauvais pour que je pusse me mettre en chasse.

Les lions, eux, poussèrent moins loin la délicatesse, et, cette nuit même, ils signalèrent leur visite en étranglant deux moutons et une petite pouliche; le mauvais temps et l'obscurité avaient favorisé leur approche et nous empêchèrent de reconnaître leur présence.

Le lendemain matin, en explorant le terrain, je

longeai le bois, cherchant à découvrir l'endroit où
la famille léonine avait fait sa rentrée.

Arrivé en face du ravin de Tisphra, je reconnus,
auprès des ruines, cinq empreintes différentes, dont
deux assez fortes et trois moyennes; il était très-fa-
cile de suivre ces traces sur une couche de neige qui
atteignait près de soixante centimètres d'épaisseur :
il y avait cependant à craindre de les voir disparaître,
car la neige tombait toujours.

Certain qu'en les suivant ces empreintes me con-
duiraient au repaire de la famille, je continuai mes
recherches sans m'arrêter; il était à peine dix heures du matin, j'avais donc tout le temps de me livrer
à cette poursuite.

J'avais mon fusil, mes pistolets et mon couteau.

Un Arabe qui m'avait suivi jusque-là, dut rebrousser chemin, sur l'ordre que je lui donnai au
moment de m'engager dans l'épais fourré où les
traces venaient se perdre, et je me remis en route
tout seul.

Arrivé sur un mamelon dominant la fontaine de
Tisphra, à l'est, au bord du grand ravin et à deux

9.

cents pas dans le fourré, je trouvai les places où
les lions s'étaient roulés et avaient essayé de se gîter; mais, le couvert ne les cachant sans doute pas
assez, ils avaient repris leur course. J'en augurai
qu'ils ne devaient pas être loin, et je continuai à
avancer lentement, car j'étais arrêté à chaque pas
soit par la neige, soit par la difficulté du terrain
qui présentait une pente très-rapide que je ne pouvais gravir qu'avec difficulté. La neige qui tombait
toujours, amortissait heureusement mes pas et empêchait que leur bruit ne se produisît bien loin.

A trois cents mètres environ de la lisière du bois,
les traces étaient tellement fréquentes et croisées en
tous sens, qu'on eût dit un chemin bien battu. Dix
pas plus loin, se présentait un massif d'oliviers presque impénétrable, auquel ces empreintes semblaient
aboutir.

Par précaution, je pris les devants de ce massif,
décrivant une circonférence de cent cinquante mètres de rayon, et cela sans remarquer aucune trace
de sortie, preuve évidente que les lions y étaient
gîtés.

Alors je revins suivre la piste et m'avançai, masqué par une cépée d'oliviers, jusqu'à trois ou quatre pas, puis je cherchai, en me découvrant un peu, à me rendre compte de la position de l'ennemi.

Tout à coup un des lionceaux releva la tête et m'offrit tout son poitrail. Comme il était assez fort déjà, je crus voir une des lionnes, et, sans hésiter, je fis feu.

Au bruit de la détonation, toute la famille se sauva en rugissant avec force, et laissant sur place l'animal que je venais de tirer. Je restai immobile, le fusil à l'épaule, attendant l'événement, car je prévoyais que, si j'étais découvert, le lionceau blessé prendrait aussitôt l'offensive.

A trente ou quarante pas de là, une des lionnes s'arrêta et se tourna de mon côté, poussant des grognements sourds et menaçants, et se battant fortement les flancs de sa queue. J'essayai d'autant moins de la tirer, que je pouvais à peine l'apercevoir à travers les branches, et que, pour l'ajuster, j'aurais été obligé de changer de position. Après un moment d'hésitation, la lionne disparut et rejoignit sa famille du côté du ravin.

Je rechargeai mon fusil et me dirigeai vers le fourré, où gisait l'animal que j'avais tiré. Je le retrouvai étendu sans vie et presque enfoui sous la neige qu'il avait amoncelée en se débattant. La mort avait dû être instantanée, car ma balle lui avait coupé la gorge et était ressortie à l'épine dorsale.

C'était un lionceau d'environ dix-huit mois ; sa crinière commençait à bien se prononcer.

Forcé d'interrompre ma poursuite, je revins au douar où je racontai aux Arabes le résultat de mon excursion, en leur désignant la place où ils trouveraient ma victime. Ils l'allèrent chercher et la rapportèrent au douar.

Je déjeunai là, et, sitôt après, je repris ma course, en dépit des difficultés que je devais trouver à me tirer de la neige, qui était très-abondante.

Des Arabes de l'autre douar, que je rencontrai, m'avertirent que le grand lion était rentré sous bois, vers un mamelon situé à environ deux kilomètres de la fontaine Tisphra, à l'est, en longeant la montagne.

Le temps s'était élevé; la neige avait cessé de tomber, et le vent commençait à souffler légèrement du sud. Je me dirigeai donc vers le mamelon indiqué, où je découvris, en effet, des traces énormes. Ces traces, que je suivis, m'entraînaient tantôt dans le ravin, tantôt sur le mamelon, et me conduisirent enfin à un plateau où je reconnus que l'animal s'était arrêté, roulé et couché; de là il avait repris sa course vers un grand fourré de chênes verts, à peu près à mi-côte et à cinq cents pas de la lisière. Je m'engageai dans cette direction, espérant le retrouver avec toute sa famille, comme le matin; mais mon espérance fut déçue, car le temps qui s'était éclairci et la neige qui avait cessé de tomber, ne m'étaient plus favorables pour étouffer le bruit de mes pas; de sorte que, plus j'avançais, plus le lion fuyait devant moi. De temps en temps, cependant, je pouvais l'apercevoir à travers les branches, mais toujours à des distances énormes.

A un endroit du fourré, je retrouvai pourtant les traces de toute la famille, qui, à partir de là, avait dû marcher quelque temps en compagnie du grand lion ; puis, un peu plus loin, elle s'en était de nouveau séparée. Quant au lion, dont je continuai à suivre la trace, il était descendu dans le ravin, où le taillis devenait très-épais. Je m'obstinais après lui, car sa capture me semblait valoir à elle seule celle de tout le reste de la famille.

Un peu avant d'atteindre le fond du ravin je rencontrai un petit accident de terrain, à l'aide duquel je m'approchai très-facilement et d'où je pus voir le lion qui s'était retranché dans une forte touffe de chênes verts, à cinq ou six pas de moi tout au plus ; je n'eus pas le temps de prendre mes dispositions pour l'ajuster qu'il se dressa sur ses quatre pattes et se sauva de toutes ses forces, en suivant le ravin et en poussant des rugissements à ébranler la terre. Il fuyait si vite que j'eus à peine le loisir de l'apercevoir à travers les branches.

Le lion alla s'arrêter à environ trois cents pas, sur un petit mamelon où il paraissait disposé à me tenir tête. Je m'avançai avec précaution le long du ravin, en me masquant le plus possible. A cent pas de l'endroit où je l'avais vu s'arrêter, je délibérai un

instant sur les moyens qui me restaient à prendre
pour m'approcher encore davantage. Soudain partit
de derrière moi un bruit de branches froissées et
brisées, qui me mit sur la voie. Ce bruit partait de
soixante ou quatre-vingts pas environ et semblait
se rapprocher. Je montai précipitamment sur le mamelon, d'où je pouvais dominer les alentours, et je
vis le lion qui avait pris mes traces au rebours. De
crainte de le voir fuir et de le perdre de vue, je me
jetai de nouveau à sa poursuite.

De temps en temps il s'arrêtait en poussant de forts
grognements; puis il resta debout au milieu d'une
clairière où il faisait bonne contenance. Néanmoins je
marchai toujours en avant, jusqu'à ce que je l'entendis
élever fortement la voix. Je demeurai alors en place,
car je pensais qu'il m'avait entendu venir. Blotti que
j'étais derrière une grosse broussaille, je voyais le lion
à travers les branches, et je jugeai que je n'étais plus
séparé de lui que d'environ cent pas; j'agitai les
branches pour m'assurer si c'était bien moi qui lui
avais donné l'éveil. Au bruit que je fis, il poussa des
rugissements plus menaçants, et me parut même

disposé à prendre l'offensive. Il grattait la terre avec furie, et se battait les flancs de sa queue. A ce moment de fureur cet animal était vraiment superbe à contempler.

Je regrettai beaucoup de ne pas être muni d'une carabine de précision ; car, malgré la distance qui nous séparait, j'aurais eu quelque chance de le tirer avec succès ; mais, dépourvu d'une telle arme, il eût été imprudent de m'avancer davantage à sa rencontre avec mon fusil ordinaire, dont un coup et même deux ne suffisent pas toujours pour abattre ou mettre hors de combat un animal aussi puissant et aussi irrité que celui que j'avais devant moi. En admettant même que je l'eusse blessé mortellement, il pouvait encore conserver assez de force et de vie pour me faire payer cher sa mort, surtout sur un terrain où toute tentative de retraite, une fois le combat entamé, n'eût fait que m'exposer encore plus à ses atteintes, et où je n'avais aucun abri pour m'y soustraire.

J'abandonnai donc, non sans regret cependant, le champ de bataille à mon redoutable adversaire, et je rentrai au douar, plus affligé d'avoir manqué une occasion si propice que fatigué de ma longue poursuite.

Je fis partir pour Batna le lionceau que je venais de tuer, et le lendemain je courus de nouveau après le reste de la famille, qui m'emmena jusqu'à Chemora, mais sans me permettre de l'approcher d'assez près pour espérer un bon résultat de mon tir. Las de ces insuccès, je renonçai pour le moment à l'atteindre, et je revins chez moi.

X

ENCORE AU BOU-ARIF — UNE FAMILLE DE LIONS QUI CONNAISSAIENT LA STRATÉGIE

Le 12 mars, j'étais appelé de nouveau par les Arabes de Fess-Diss, et je me rendais immédiatement chez eux.

Le temps était magnifique, la lune à son plein, et malgré un petit vent du nord, tout contribuait à me seconder et à me préparer le succès.

Instruit par les Arabes chez lesquels j'étais descendu, que les lions venaient chaque nuit visiter leur douar, en passant sur un plateau voisin, je fus porté à croire que la famille que j'avais poursuivie jusqu'à Chemora était venue par ici, alléchée par les nombreux troupeaux à sa portée, que possèdent les tribus de ce canton.

Mon premier soin, après avoir obtenu ces renseignements, fut de me munir, moyennant quinze francs, d'un mulet destiné à aiguiser l'appétit des lions et à les attirer plus facilement par l'espoir d'une proie sûre.

Je ne fus pas difficile sur le choix de mon embuscade. Un buisson d'épines blanches, situé au milieu du plateau, fut tout mon abri pour la nuit. J'attachai au-devant, et à quatre ou cinq pas, mon pauvre mulet, et à la nuit tombante j'étais installé à mon poste.

Vers sept heures du soir, des rugissements partant du côté de la fontaine Tisphra me signalaient la venue d'un lion ; presqu'au même instant, du ravin à droite de la fontaine, une seconde voix répondait à la première. Les lions venaient en famille ; c'était le cas de les bien recevoir, et je m'y préparai de mon mieux.

Les rugissements cessaient et reprenaient à intervalles égaux ; les lions avaient l'air de descendre dans le ravin. J'étais impatient de les voir en face.

Vers dix heures, j'eus la joie de les apercevoir à deux cents pas de moi environ; mais, au lieu de se diriger de mon côté, ils longeaient un petit sentier dans le ravin et marchaient sur le douar, où leur présence réveilla les chiens qui se mirent aussitôt à aboyer avec fureur. Les Arabes, tirés eux-mêmes de leur sommeil, se mirent à crier de toutes leurs forces, proférant des menaces et des invectives contre les terribles rôdeurs.

Ce bruyant concert dura sans interruption jusqu'à minuit, puis tout rentra dans le silence. Des rugissements lointains m'avertirent bientôt que les lions déroutés se retiraient bredouilles dans la direction d'El-Mader, ce qui me contraria fort, car je compris qu'ils ne reviendraient pas de la nuit.

Le lendemain, je gravis la montagne jusqu'au faîte; mais, malgré les plus minutieuses recherches, fouillant tous les repaires, étudiant pour ainsi dire les arbres et les buissons un à un, je pus à peine découvrir quelques traces fraîches et de bon temps. Le terrain était si sec qu'il ne conservait aucune em-

10.

preinte. La neige, tombée si abondamment quelques jours plus tôt, était complétement fondue sous l'influence du vent du désert, et la terre avait repris toute sa nudité.

Je me décidai pourtant à revenir passer une seconde nuit au même endroit. A la même heure que la veille, les rugissements retentirent partant des mêmes points; pendant quelques instants les lions se répondirent comme en forme de conversation; puis, de même que la veille, ils s'éloignèrent, me laissant seul le reste de la nuit, avec la contrariété de les avoir sentis autour de moi sans cependant avoir pu les tenir à portée.

Le lendemain, je me rendis aux places où je les avais entendus rugir pendant ces deux nuits, et je vis que les lions avaient suivi les mêmes chemins : c'étaient donc bien là leurs passages.

Je m'obstinai à les attendre de nouveau une troisième nuit dans mon buisson d'épines; mais cette nuit fut semblable aux deux premières, et s'écoula avec les mêmes incidents.

Cette infructueuse attente commençait à me décourager, et ce fut avec peine que je me décidai passer une quatrième nuit à la belle étoile. Je repris cependant encore une fois mon poste dans mon petit observatoire.

A la même heure que les nuits précédentes, mêmes rugissements, mêmes manœuvres.....

L'impatience me gagna, et guidé par les rugissements, je sortis de mon embuscade, m'avançant au-devant des lions, puisqu'ils ne voulaient pas venir à moi. J'arrivai ainsi jusqu'au petit ruisseau dont j'ai parlé plus haut, par lequel les lions effectuaient leur retraite, comme je l'avais remarqué les nuits précédentes. A trois kilomètres, deux puissants coups de voix se firent entendre, puis se succédèrent à intervalles égaux ; prenant ma direction d'après celle de ces rugissements, je continuai à m'avancer toujours, en me servant, pour me couvrir, des buissons qui bordaient le sentier, m'arrêtant quand les voix se taisaient, allant de l'avant sitôt qu'elles se faisaient entendre de nouveau. Cette manœuvre durait depuis quelque temps, lorsqu'une dernière fois les lions rugirent et me révélèrent ainsi leur présence à cent

pas, venant sur moi. Je me blottis à la hâte derrière
un gros frêne, et j'attendis. Les lions mirent cinq minutes à franchir cette distance, puis je les vis enfin.
Ils étaient quatre : une énorme lionne et trois lionceaux de taille à se faire respecter. Ils s'avançaient résolûment ; leurs yeux brillaient comme des lumières.
Il était neuf heures du soir.

En face du frêne qui m'abritait se trouve un gué
où le sentier traverse le ruisseau. Arrivés à ce gué,
les quatre animaux s'arrêtèrent un moment. Les trois
lionceaux s'assirent, mais la lionne franchit le ruisseau et vint droit sur moi. Blotti derrière mon arbre,
et m'effaçant le plus possible, le fusil à l'épaule et dans
la première position, j'attendis la lionne au passage,
je la laissai même me dépasser de deux pas ; puis,
comme elle marchait lentement, j'ajustai au défaut
de l'épaule et je fis feu. La bête frappée fit quelques
bonds en avant ; à cent pas elle roula lourdement ; le
bruit de ses convulsions et des sauts qu'elle tentait
de faire pour s'enfuir venait jusqu'à moi, puis un
soupir bruyant et prolongé qu'elle poussa, sans
doute le dernier ; ... après, plus rien.

Les trois lionceaux avaient disparu au coup de feu et s'étaient éloignés en prenant leur course le long du ruisseau pour regagner la plaine.

Cependant la vivacité de l'air rendait ma position fort peu tenable, et le froid commençait à me gagner; je repris le chemin de mon embuscade, où étaient restées mes couvertures, et où je passai le reste de la nuit sans nouvelle alerte.

Seuls, les chacals, profitant de l'absence du lion, vinrent s'ébattre autour de mon mulet, en remplissant l'air de leur concert monotone et criard.

Le lendemain, à la pointe du jour, les Arabes arrivèrent en nombre, m'accablant de questions selon l'usage; je leur répondis que je ne savais pas encore si j'avais tué un lion, mais qu'en tous cas j'en avais tiré et blessé un. Ils voulurent m'accompagner dans ma recherche, et malgré mes refus, ils y mirent tant de persistance que je dus me fâcher pour les en empêcher. Il m'était impossible d'accepter leur compagnie, car elle aurait pu me compromettre, si toutefois l'animal n'eût pas été mort; dans ce cas, en effet, je n'aurais plus eu à me défendre seul, il m'aurait fallu les défendre tous et me multiplier pour les tirer de danger.

Je pus enfin partir seul ; en peu de temps et sans nulle recherche, je retrouvai ma lionne morte à l'endroit même où je l'avais vue rouler. Elle était allongée derrière une touffe de genêts. Rassuré à sa vue, je rappelai les Arabes qui accoururent en poussant des cris de joie.

En un instant elle fut chargée et emportée ; puis après avoir laissé à la tribu mon mulet qui pouvait me servir une autre fois, je repris le chemin de Batna. Il y avait cinq jours que j'étais parti.

XI

UNE BOUCHERIE — QUATRE VIEILLES CONNAISSANCES

A peine étais-je rentré et avais-je pris une nuit de
repos, que j'étais appelé par les Arabes de la tribu
de Ben-Aïssa, dont plusieurs lions venaient chaque nuit décimer les troupeaux. Ces Arabes me
dirent que la veille encore quelques bœufs et mulets
de leur tribu avaient été égorgés.

Cette tribu est campée à environ neuf lieues de Batna, sur les bords du lac de Chemora, entre ce lac et El-Mader.

Leurs plaintes et leurs supplications étaient telle· ment vives que, bien que brisé de fatigue par ma dernière campagne, je ne pus résister et je partis avec eux.

Chemin faisant je détachai un de ces Arabes vers El-Hadj-ben-Mensor, avec la mission de me ramener le mulet qui m'avait servi dans ma précédente sortie, et que les lions avaient bien voulu épargner. J'arrivai chez les Ben-Aïssa vers sept heures du soir, par un temps brumeux et trop défavorable pour que je pusse utiliser ma première nuit; aussi je couchai au douar.

Le lendemain, dès l'aube, j'étais sur la montagne du Bou-Arif, fouillant avec soin tous les repaires, cherchant une trace jusque dans les moindres taillis, explorant enfin le terrain en tous sens jusqu'à ce que je fusse arrivé au plateau dit de Guémal.

Là, des empreintes m'apparurent en grand nombre et de toutes dimensions. Cette découverte me décida à choisir ce lieu pour y dresser une embuscade dans une petite cépée de chênes verts. Mais, contre mon attente, j'y passai deux nuits, deux longues nuits, sans rien voir et sans même entendre la voix des lions. Ceux-ci cependant n'étaient pas restés inactifs, car ils avaient utilisé ces deux nuits en pénétrant dans le douar où ils avaient couvert la terre de victimes.

La vue du carnage qu'ils avaient fait me remplit de colère contre ces animaux qui avaient si habilement déjoué mes prévisions et trompé la vigilance des Arabes; ces derniers passaient les nuits aux aguets, mais, me sentant près d'eux, et fatigués des veilles précédentes, ils s'étaient peut-être un peu relâchés de leur surveillance et n'avaient que trop à s'en repentir. J'en étais aux expédients quand les Arabes vinrent eux-mêmes, sans le vouloir, me fournir à leurs dépens, l'occasion de regagner le temps perdu.

Ces Arabes ont l'habitude de mener paître leurs troupeaux dans la montagne, où l'herbe est abondante; depuis longtemps la crainte du lion les en avait

11

empêché; mais, ce jour, ils partirent en me priant de les accompagner.

« Tu nous garderas, me dirent-ils, nous avons confiance en toi. »

Plutôt par distraction que par tout autre motif, je les suivis machinalement, marchant en éclaireur en avant du troupeau, et me tenant toujours sur les éminences pour mieux observer.

Je riais intérieurement de la terreur des Arabes qui n'avançaient qu'avec la plus grande circonspection, lançant tout autour d'eux des pierres avec des frondes, scrutant tous les buissons, et poussant des cris continuels pour éloigner le lion dont ils soupçonnaient la présence. Ajoutez à ces manœuvres les injures qu'ils ne cessaient de proférer contre les redoutables ravisseurs, et le tableau sera complet.

Nous arrivâmes ainsi jusqu'au sommet de la montagne du Bou-Arif; il était à peu près midi. Nul être étranger n'avait signalé sa présence, ce qui me fit dire aux Arabes : « Vous le voyez, il n'y a point de lions; je vais redescendre à la tribu afin de faire mes préparatifs pour la nuit prochaine. » Pressentant ce qui allait arriver, ces pauvres gens me répondirent :

« Tu nous quittes, eh bien, nous sommes sûrs que le lion va venir. »

Je cherchai à les rassurer, ne voyant dans leur frayeur que les suites de la croyance superstitieuse qu'ils ont tous que ma seule présence suffit pour éloigner l'animal qu'ils redoutent tant ; après quoi je partis.

J'arrivai à la tribu vers une heure, et je déjeûnai à la hâte, mais bien frugalement, avec une galette trempée dans du lait aigre (el ben). Je me disposais ensuite à faire mon café, quand les cris des Arabes que je venais de quitter retentirent dans la montagne et m'annoncèrent qu'ils étaient dans la détresse. Je pus les voir entourant le troupeau qui redescendait tumultueusement dans la plaine. Les gardiens agitaient leurs burnous en l'air, signe qu'ils ont l'habitude de faire pour appeler du secours.

A la vue de ce désordre, on comprit vite au douar que le lion était venu.

« Tu vois, c'est le lion ! me crièrent quelques-uns, cours vite au secours... »

J'avais déjà saisi mes armes et je gravissais de nouveau et en toute hâte la montagne. J'atteignis enfin le plateau de Guémal où cinq à six Arabes m'attendaient pour me faire voir les résultats désastreux de cette nouvelle visite du lion. Il nous fallait, pour arriver à l'endroit où gisaient les victimes, suivre un sentier aboutissant à un petit ravin situé presqu'au sommet de la montagne et à environ quinze cents mètres au-dessus du plateau. A peine engagés dans ce ravin, le premier objet qui frappa notre vue, dans un épais fourré, fut le cadavre d'un bœuf qui venait d'être étranglé. Je demandai aux Arabes si c'était la seule victime. « Oh non! me répondirent-ils, il y en a encore sept ou huit autres qui gisent tout près d'ici et que nous allons te faire voir. »

Deux bœufs étaient en effet étendus à quarante mètres de là, deux autres à quarante mètres plus loin ; l'un de ces derniers donnait encore quelques signes de vie. Ce furent les seuls que nous retrouvâmes; s'il y en avait eu d'autres d'abattus, ils avaient dû déjà être entraînés par le lion, car je fouillai le ravin sans découvrir de nouvelles victimes.

Je jugeai bien qu'il était probable que le lion, seul ou en compagnie, allait revenir chercher sa proie sur ces cadavres, et je me mis immédiatement en quête d'un endroit propice pour passer la nuit sur le théâtre même de cette boucherie. Je revins auprès de la première victime, parce que le terrain tant soit peu accidenté et le fourré plus épais me parurent devoir y favoriser davantage mes plans. Je venais de la laisser parfaitement intacte, il y avait à peine quelques minutes, et je ne fus pas peu surpris à mon retour de la trouver déjà entamée ; dès lors je fus certain que le lion n'était qu'à quelques pas de nous, et que notre arrivée seule l'avait éloigné.

Aidé des Arabes, je traînai les quatre autres bœufs abattus les uns auprès des autres. Pendant que j'étais occupé à cette besogne, ma surprise augmenta encore en reconnaissant que ces quatre bœufs avaient été entamés à leur tour ; le lion était donc venu s'abattre sur ces bœufs depuis notre visite de tout à l'heure, et peut-être lorsque nous l'avions fait quitter le premier. Il ne me fallut pas beaucoup de réflexion pour me convaincre que la famille léonine tournait autour

11.

de nous en décrivant une demi-circonférence dans le sens inverse de notre marche. Cette audace, que je n'avais jamais remarquée chez le lion, m'étonna beaucoup.

Les Arabes avaient envoyé quelques-uns des leurs chercher des mulets pour enlever les bœufs morts et pour me rapporter mes couvertures. En attendant l'arrivée de ces mulets, je postai ceux des Arabes qui étaient restés près des quatre bœufs que nous avions rassemblés, et je revins me mettre en embuscade auprès du premier. Il était trois heures.

D'épais nuages se déroulaient à l'horizon du côté du Médracenne (tombeau de Syphax), chassés par un léger vent du nord-ouest; la pluie commençait à tomber, mais très-fine; l'atmosphère était très-lourde. Tous ces symptômes me firent présager une mauvaise nuit, mais aussi une de celles pendant lesquelles les lions trompent rarement l'attente du chasseur. La compensation était bonne et de nature à me faire supporter patiemment l'intempérie. Du reste une nuit, si mauvaise qu'elle soit, est bientôt passée.

Posté derrière une cépée de chênes verts, j'attendais, découvrant sur ma gauche un petit sentier qui passait près du bœuf. J'avais recommandé expressément aux Arabes d'observer le plus profond silence : pourtant cinq minutes à peine venaient de s'écouler que je les entendis me crier qu'ils voyaient quatre lions. Je restai immobile.

Leur manœuvre étant éventée du côté des Arabes, les lions se rabattirent du mien en décrivant une ligne circulaire. Puis le silence se rétablit. Dix minutes se passèrent encore, et, d'environ quarante ou cinquante pas, à ma gauche, de légers grognements de joie me parvinrent aux oreilles. Les lions venaient à moi, je leur sus gré de cet empressement; ils allaient amplement me dédommager de la promenade qu'ils m'avaient fait faire quelques jours auparavant.

J'étais à quatre pas du bœuf, assis sur une pierre et l'œil fixe, quand le bruit lourd de leurs pas très-rapprochés me fit redoubler d'attention; en regardant à travers les branches je vis une énorme lionne qui se dirigeait vers le bœuf, en serpentant, et non toutefois sans examiner soigneusement les alentours. Ne trouvant rien de suspect, la bête enfila le sentier et le suivit directement jusqu'au bœuf. Le fusil épaulé, j'attendais toujours.

Cependant la lionne s'était couchée au milieu du sentier ; là elle fit quelques bâillements de joie et, comme un fin gourmet à la vue d'un splendide repas, elle passa à plusieurs reprises sa langue sur ses lèvres. Son poitrail, parfaitement découvert, semblait attendre ma balle ; aussi, trouvant le moment opportun, je n'hésitai point et je fis feu. La lionne, blessée, franchit le bœuf d'un bond énorme, tomba, mais se releva aussitôt menaçante. Comme, après avoir tiré mon coup de fusil, je m'étais mis debout, et que je la voyais prête à s'élancer sur moi, je fis feu de nouveau. Elle tomba roide.

En ce moment la pluie tombait à torrents, le tonnerre éclatait avec fracas, et les éclairs à chaque instant sillonnaient les airs. Le spectacle était beau, et ce désordre de la nature était si grandiose qu'il m'exaltait jusqu'à l'ivresse.

Assuré de la mort de la lionne, j'appelai les Arabes ; ceux-ci, tremblants de peur, demeuraient immobiles à l'endroit où je les avais postés, mais ils ne me répondirent pas ; comprenant et excusant leur frayeur, j'allai moi-même les chercher, et j'eus bien de la peine à les rassurer, car ils ne voulaient pas croire que la lionne fût morte, malgré l'assurance que je leur en donnais. Ils me suivirent enfin, et je leur fis transporter cette bête auprès des quatre bœufs où je leur enjoignis de rester en leur recommandant le plus profond silence.

Puis je me hâtai de recharger mon fusil et de retourner à mon poste. J'y étais depuis un quart d'heure à peine, que des rugissements m'annoncèrent la venue d'un deuxième lion ; ils partaient de la cime de la montagne et paraissaient poussés assez près de moi, à une centaine de pas environ.

Tout à coup quatre lionceaux, quatre étourdis bondirent du fourré et, avec moins de circonspection que leur mère, se précipitèrent en affamés sur le bœuf qu'ils se mirent à déchirer et à dévorer à belles dents.

Ils étaient si occupés à leur régal et montraient si peu de défiance, que l'idée me vint de tenter un coup double, d'autant plus possible que les quatre

carnassiers, placés sur une même ligne, me présen-
taient le flanc, mais sans se couvrir l'un par l'autre.

Une tige de chêne vert ployée en cerceau, et dont
l'extrémité supérieure était retenue en terre par un
restant de neige, me servit de batterie. Plaçant paral-
lèlement mes deux fusils sur ce support, j'ajustai un
lionceau de chaque main et je fis feu. Les quatre
lionceaux disparurent sur le coup ; mais les deux que
j'avais ajustés bondirent par-dessus le bœuf en poussant des cris retentissants, et allèrent se gîter dans le
fourré.

Je rechargeai mes armes à la hâte, car, au bruit
de la détonation, j'avais entendu rugir près de moi
un lion que je jugeai énorme et une grande lionne ;
quelques minutes après, les deux autres lionceaux
reparurent : observant tout autour d'eux, ils s'avancè-
rent cette fois avec prudence, et n'approchèrent de
la proie que quand ils se crurent certains de n'être
plus dérangés.

L'occasion se présentait de nouveau de faire un
coup double, et j'y aurais sans doute réussi, si un de
mes fusils n'eût été mouillé, ce qui fit qu'un des deux

seul partit. Néanmoins un des lionceaux fut encore frappé et s'enfonça sous bois, comme les deux premiers, en poussant des cris lamentables.

Je crus presque que si les lions continuaient à me rendre de si fréquentes visites, j'aurais à peine le temps de charger et de décharger mes armes ; je rechargeai donc sans perdre un instant. Les plaintes des blessés m'avertissaient de me tenir sur mes gardes, car elles pouvaient attirer et me jeter sur les bras le lion et la lionne que j'avais entendus rugir.

A ce moment, je fus dérangé par l'arrivée des Arabes qui amenaient les mulets, afin d'enlever les bœufs abattus ; je sortis de mon réduit et, après leur avoir raconté les détails de ces diverses scènes, je leur intimai l'ordre de s'éloigner au plus vite. Ils chargèrent les quatre bœufs et la lionne que j'avais tuée la première, et regagnèrent la tribu.

Quant à moi, je coupai quelques branches pour mieux me couvrir, je m'enveloppai dans mes couvertures et je m'installai, décidé à passer la nuit.

Pendant quelque temps cette nuit fut silencieuse, mais elle fut aussi tout entière bien pénible. Le vent

glacial du nord soufflait violemment, la pluie tombait
à torrents, le tonnerre ébranlait la terre, et les éclairs
à chaque instant enflammaient l'horizon. Bientôt, au
milieu de ce fracas de la nature en désordre, j'entendis, dominant les éclats de la tempête, les rugissements du lion et de la lionne qui cherchaient à rallier
leur famille. A peine si, pendant quelques instants,
le couple suspendit ses cris puissants.

Vers neuf heures et demie, quelques bruits de
feuilles et de branches froissées se firent entendre
dans le taillis, du côté où mes trois lionceaux blessés
s'étaient enfuis, à peu de distance de moi sans doute,
puisque leurs plaintes m'arrivaient incessamment.

Tout à coup, un coup de tonnerre éclata plus violent que les autres, et, comme pour répondre à cette
menace de la nature en fureur, les grands lions rugirent à pleins poumons. C'était horrible et sublime à
la fois !

Les lions allaient et venaient en tous sens, et le
bruit de leur lourde marche m'entourait de tous
côtés. Dans leurs recherches folles ils passèrent à diverses reprises si près de moi qu'à chaque instant je

m'attendais à une lutte corps à corps, lutte périlleuse, mais à laquelle j'étais préparé. La nuit était si
obscure et les animaux si agités, que je ne pus trouver
une occasion favorable pour tirer. Leurs mouvements
continuels, leurs puissantes voix, qui vomissaient des
imprécations et des menaces, me firent enfin présu-
mer qu'ils avaient retrouvé leurs lionceaux blessés.

Cette anxiété dura jusqu'à minuit. En ce moment,
un coup de vent terrible s'abattit autour de moi, tor-
dant et déracinant un chêne séculaire, qui vint tomber
à quelques pas de mon embuscade. Au fracas épou-
vantable de cette chute vint se joindre un éclat de tonnerre tellement violent et rapproché que je me crus
un instant abîmé par le terrible élément, ou écrasé
sous le poids de l'arbre.

Puis la pluie cessa, mais je ne devais pas m'en ré-
jouir, car elle fut remplacée par la neige tombant à
gros flocons... Je n'entendis plus que les violentes rafales du vent, qui, en s'engouffrant dans les ravins et
en traversant les taillis, produisait une musique qui
eût été peut-être sublime pour un poëte, mais assour-
dissante même pour un tueur de lions! et puis le mo-

12

ment eût été bien mal choisi pour qu'il me fût permis de goûter cette sorte de poésie. Mouillé jusqu'aux os, grelottant de tous les membres, exposé aux griffes et aux dents acérées de voisins redoutables, j'eusse préféré, je l'avoue franchement, les douceurs d'un bon lit. La neige, poussée par les vents, s'amoncelait par tas, et, plus d'une fois, je dus secouer les branches qui me couvraient et mes couvertures surchargées ; j'avais quatre-vingts centimètres de neige autour de moi.

Ce fut sous ce linceul glacé que j'achevai ma nuit.

Le lendemain, à la pointe du jour, je quittai sans nul regret mon embuscade ; la neige tombait toujours, mes vêtements étaient tout trempés, et, malgré la force d'un grand feu que j'allumai pour les sécher, je ne pus y parvenir ; je me hâtai de retourner à la tribu sans avoir, je vous prie de le croire, l'envie de m'inquiéter davantage de mes adversaires de la nuit, contre lesquels, du reste, mes armes, complétement mouillées, ne m'auraient été d'aucun service dans ce moment ; j'arrivai au douar transi et grelottant.

Il n'y a pas moyen de faire de feu sous les tentes

arabes. J'employai le meilleur remède contre l'engourdissement qui me gagnait : je montai immédiatement à cheval et me rendis à franc étrier à l'usine de D'Gendly, où je trouvai des amis qui me reçurent affectueusement et me donnèrent des habits bien secs et bien chauds : prévenance à laquelle, je le déclare, malgré la dureté de mon tempérament, je fus loin d'être indifférent.

Au milieu d'un déjeuner confortable, et bien accueilli par moi surtout, je fis part à ces messieurs des divers incidents de la nuit ; ils hésitaient à croire que j'eusse pu abattre quatre lions, sur sept dont se composait la famille.

Vers dix heures et demie, la neige cessa, mais la pluie recommença secondée par le vent du sud. Ce temps continua tout le reste du jour et la nuit suivante. Je couchai donc à l'usine et je m'endormis délicieusement dans un bon lit, sans même réfléchir au contraste qui distinguait cette nuit de la précédente.

Le lendemain matin, vers huit ou neuf heures, la pluie avait cessé, le vent seul résistait, mais il fondait la neige qui, en s'écoulant, faisait des ravins

des torrents infranchissables. Les habitants de l'usine
me voyant résolu à retourner sur le lieu de ma chasse,
cherchèrent à m'en dissuader, et me prièrent de remettre mon départ au lendemain, en me disant qu'ils
m'accompagneraient avec plaisir. Je cédai. Décidé-
ment cette vie de délices commençait à me gâter.

Le lendemain 23, le temps était redevenu très-
beau, et nos préparatifs de départ ne furent pas longs,
car l'impatience et la curiosité étaient égales chez
tous. Nous marchâmes à cheval jusqu'au plateau de
Guémal, où avant de commencer nos recherches,
nous fîmes honneur à un déjeuner, moins que frugal,
dont ces messieurs s'étaient fait suivre.

Au milieu du repas, nous reçûmes la visite d'A-
rabes qui venaient me prévenir qu'ils avaient trouvé
deux lionceaux morts à quarante pas de mon embuscade. Cette nouvelle fit aussitôt plier toutes les ser-
viettes, et ces messieurs partirent tumultueusement
à la suite des Arabes. J'avais eu beau leur recom-
mander la plus grande prudence, leur curiosité l'emporta, et ils étaient arrivés bien avant moi à la place
où gisaient les lionceaux. C'était dans le ravin

dont j'ai parlé, à quarante pas de mon embuscade.

Quand je fis voir à mes amis de l'usine le frêle abri où j'avais passé la nuit, j'eus besoin pour les convaincre de leur faire voir mes couvertures que j'y avais laissées.

Sur les trois lionceaux que j'avais blessés, deux déjà étaient retrouvés, restait donc le dernier; mais malgré une fouille minutieuse dans le taillis environnant, je ne découvris aucun indice qui pût me mettre sur ses traces; la pluie, en détrempant la terre, les avait complétement effacées. Je renonçai à une recherche impossible, et harassé de fatigue, je me décidai à faire ma retraite sur Batna, en compagnie de ma lionne et de mes deux lionceaux, qui pouvaient avoir de dix-huit mois à deux ans.

Une autre difficulté m'attendait au retour : la plaine, complétement inondée par les chutes que déversait la montagne, était devenue impraticable. Les moindres cours d'eau formaient des torrents dans lesquels les mulets refusaient de s'engager. Mon cheval lui-même bronchait à chaque pas, et je dus, par prudence, passer encore cette nuit à El-Mader. Ce ne fut que le len-

12.

demain que je pus me frayer un chemin guéable dans la plaine et rentrer à Batna.

Le jour suivant les Arabes me rapportèrent ma quatrième victime, qu'ils avaient ramassée dans un buisson, à deux kilomètres environ de mon embuscade.

XII

UNE NUIT D'AFFUT AVEC M. LE COMTE CH. DE PR.....

Les succès que j'avais obtenus jusqu'alors dans mes campagnes cynégétiques ne faisaient qu'augmenter ma passion, et je me disposais à me remettre en chasse, quand je reçus la visite de M. le comte Ch. de Pr... Son amour des voyages l'avait amené à Batna, et il venait me demander de m'accompagner dans une de mes excursions ; j'en fus d'abord un peu contrarié, car j'ai toujours remarqué qu'il est préférable d'être seul pour la chasse au lion; cependant je cédai.

Le 19 avril, je montais à cheval et je me rendais en exploration dans l'Aurès.

J'arrivai de bonne heure sur le grand plateau de Borzoli, où les Arabes que je rencontrai m'apprirent qu'ils avaient vu des traces de lion sur la lisière du bois. J'y allai aussitôt et je reconnus, en effet, des empreintes récentes qui prenaient la direction du versant nord de la montagne.

En revenant de cette reconnaissance, je vis d'autres traces sur la poussière d'un chemin qui joint le plateau de Borzoli à Sidi-Manzar, ou pour mieux m'exprimer, dans la direction de l'ouest à l'est. Je jugeai l'endroit plus propice que le premier pour y guetter le lion, et j'y élevai à la hâte une bonne embuscade, puis je revins à Batna. Comme M. le comte de Pr... m'avait prévenu qu'il ne pouvait supporter ni la fatigue du cheval ni celle de la marche, je lui fis dire que nous irions en voiture jusqu'à notre embuscade, et que nous partirions le lendemain soir vers quatre heures. Dès le matin, j'envoyai en avant un Arabe avec un mauvais cheval, et le soir, à peu près à l'heure dite, nous partions en tilbury ; en peu de temps nous étions sur le terrain.

Je reconduisis moi-même le tilbury dans une tribu qui habite le plateau de Borzoli, à environ un kilomètre de notre embuscade, et je revins de suite, car le jour finissait.

En arrivant, je fus surpris de voir notre cheval déjà par terre ; je crus d'abord que le lion était déjà venu, mais le comte, que j'interrogeai, m'apprit que c'était le cheval qui s'était couché. Je le fis relever et je pris ma place à côté de mon compagnon d'aventure.

Celui-ci avait apporté une superbe carabine de précision et un très-beau fusil à deux coups. Ces armes, avec lesquelles il s'était exercé au tir, lui inspiraient une extrême confiance, et il me pria, si le lion se présentait, de le laisser faire feu le premier, car il tenait à grand honneur, à son retour en France, de pouvoir dire qu'il avait tiré, et peut-être tué, le *roi des animaux.*

Je me rendis à son désir, en y mettant toutefois la seule condition qu'il ne ferait feu que quand je lui en aurais donné le signal.

Bien que le temps, à cette époque de l'année, soit d'ordinaire fort beau en Afrique, nous étions assez mal tombés dans le choix que nous avions fait de cette nuit. Quoique la lune fût dans son plein, l'atmosphère était obscurcie par les nuages de sable et de poussière soulevés par le sirocco qui soufflait avec violence.

Soudain, à neuf heures et demie, nous entendîmes tomber notre cheval, qui poussa quelques râles en se débattant. Je n'eus pas le moindre doute que le lion étranglait la pauvre bête, et je cherchai à me rendre compte de la taille et de la position de notre adversaire, mais déjà il avait disparu.

Nous ne faisions aucun bruit, nous attendions immobiles, certains que le lion allait revenir. En effet, quelques instants plus tard, il était de nouveau près du cheval, et semblait, en tournant autour de lui, chercher de quel côté il devait l'entamer. Tout à coup le lion s'élança au cou de sa victime, et se mit à lui sucer le sang.

Le moment était opportun et la position favorable ; je donnai le signal au comte, en lui recommandant de ne pas se presser et de bien assurer son tir. Comme s'il eût eu l'habitude de cette chasse, et avec le plus grand sang-froid, le comte ajusta le lion ; malheureusement l'obscurité ne lui permettait pas de voir assez distinctement la bête qui n'apparaissait que comme une masse confuse.

Après avoir bien pris ses dispositions, il fit feu. Des cris affreux retentirent aussitôt, et le lion, atteint par la balle, s'enfuit en bondissant dans le bois.

Aux cris que poussa l'animal en s'enfuyant, je reconnus que c'était une lionne et qu'elle était blessée. Je fis part de mes observations au comte qui hésitait à me croire et qui me répondit qu'il pensait que son coup de feu n'avait pas dû porter ; il croyait avoir plutôt touché le cheval que la lionne.

Ce fut le seul événement de cette nuit qui se passa tout entière dans un silence absolu, à peine interrompu de temps en temps par le sifflement du vent dans les arbres.

Le lendemain, à l'aube naissante, nous quittâmes l'embuscade pour aller à la découverte de notre lionne. Avant de partir, je voulus m'assurer si le cheval avait été touché par la balle du comte, ainsi que celui-ci m'en avait exprimé le doute, mais nous ne trouvâmes pas d'autres blessures que celles produites par la morsure de la lionne. Seulement, en visitant le terrain aux alentours de notre embuscade, nous reconnûmes les profondes empreintes que les puissantes griffes de l'animal avaient laissées sur le sol au moment où, sur le coup de feu, il s'était enfui en bondissant.

A cinq ou six pas plus loin, je trouvai quelques gouttes de sang qui me confirmèrent dans mon opinion que la lionne était blessée ; je les fis remarquer au comte qui doutait encore et qui voulait que ces gouttes de sang se fussent échappées de la gueule de la lionne, occupée, au moment où il l'avait tirée, à sucer le sang du cheval. Je fis observer à mon compagnon que cette supposition n'était pas soutenable, car les gouttes de sang dont la terre et les feuilles étaient teintes brillaient d'un rouge éclatant, tandis que si elles fussent provenues du cheval elles eussent été, en raison de la strangulation, beaucoup plus noires. Le comte partageait peut-être au fond ma croyance; mais sa modestie l'empêchait d'en convenir.

Conduits tous deux par ces traces, nous arrivâmes auprès d'un petit ruisseau, à une place complétement nue; sur ce terrain mouvant, les empreintes des pattes de la lionne étaient très-fraîches et parfaitement conservées. Tout autour de ces empreintes, de larges gouttes de sang coloraient la terre, témoignages irrécusables de la blessure de la lionne. Je pus même, à la disposition du sang par rapport à la position des membres, reconnaître que cette blessure était au ventre.

Tout en continuant notre recherche, et prévoyant qu'il nous fallait nous engager dans le fourré, je prévins le comte de se tenir tout contre moi et toujours prêt à faire feu, mais de ne le faire que lorsque j'aurais moi-même tiré mes deux coups.

Le comte arma sa carabine, et avec un sang-froid surprenant chez un homme qui n'avait nulle habi-

13

tude de cette chasse dangereuse, il continua de me
suivre. Ce flegme de sa part me causa une agréable
surprise, car, je l'avoue, les recommandations que je
venais de lui faire n'avaient pour but que de l'effrayer, et l'engager à me laisser seul. Sa retraite ne
m'eût en aucune façon fait douter de son courage.

Nous marchions toujours guidés par les traces de
sang, car le sol, qui était durci, n'en avait pas conservé d'autres, et, quoique la lionne n'eût pas répandu beaucoup de sang, ses pas étaient interrom-
pus à chaque instant. Enfin, arrivés à un endroit
du bois où une petite mare de sang nous indiquait
que la lionne s'était arrêtée, nous perdîmes complétement tout indice de la route qu'elle avait suivie en quittant ce lieu. Malgré notre persistance et
les longs circuits que nous fîmes en tous sens, nous
ne pûmes rien trouver et fûmes contraints de cesser
nos recherches; il était évident pour moi que l'animal, bien que blessé à mort peut-être, devait nous
entraîner fort loin.

Le comte était ravi; en revenant à Batna, il me
témoigna toute la satisfaction qu'il avait éprouvée et

tout le plaisir que je lui avais causé en le faisant assister à cette expédition, d'autant plus qu'il ne s'é-
tait pas attendu à voir exaucé, dès la première nuit,
son désir de pouvoir s'essayer sur un ennemi qu'il
n'avait jamais vu chez lui. Il me quitta en s'excusant de m'avoir fait manquer ma chasse, et en me
donnant les témoignages les plus délicats de sa gra-
titude.

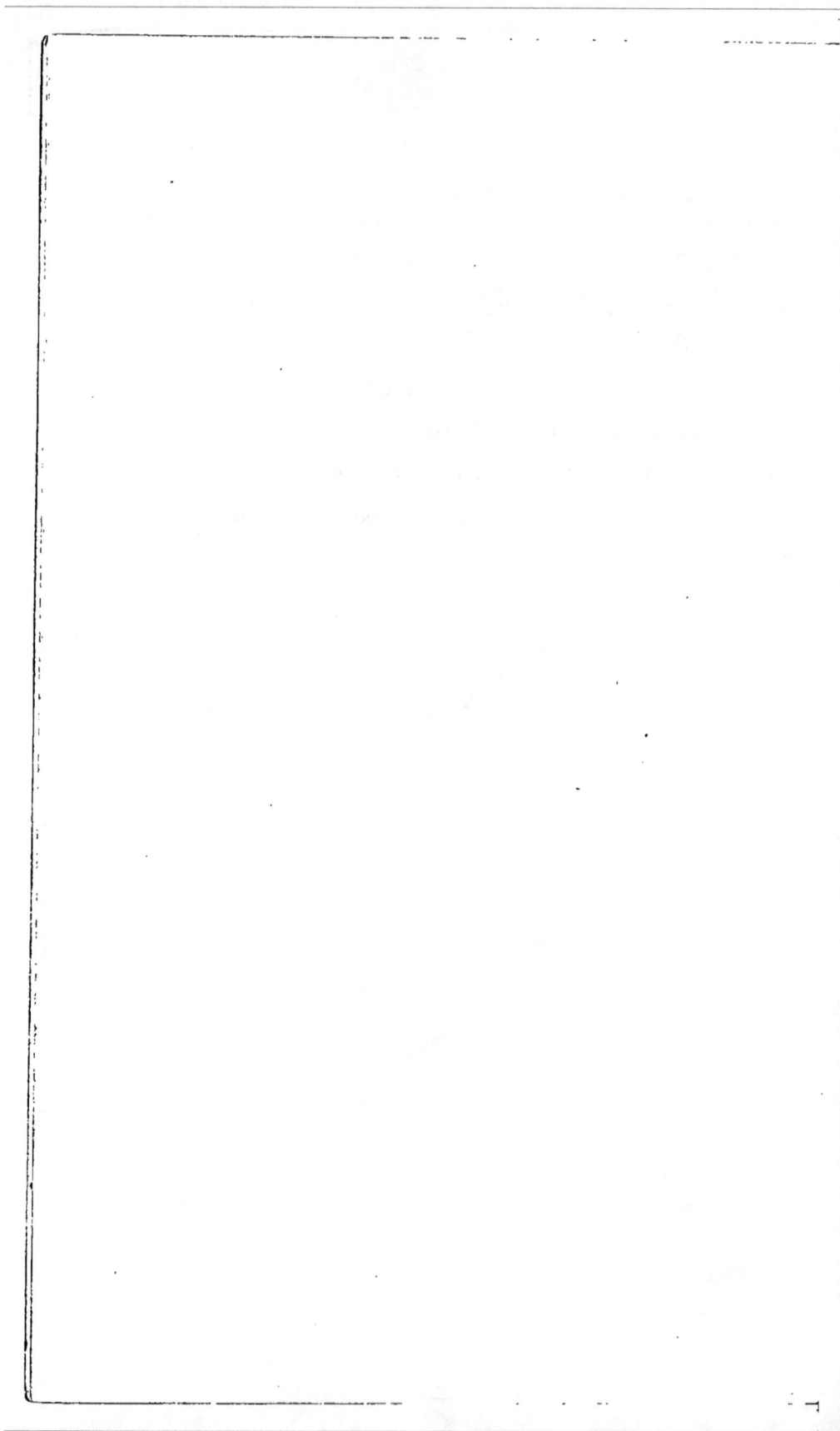

XIII

UNE LIONNE DÉVORÉE PAR DES VAUTOURS

Averti par les Arabes de Borzoli qu'un grand lion était venu s'abattre encore une fois dans leurs parages et que chaque nuit il y exerçait des ravages, je repartis dans la journée du 5 mai, et le soir à cinq heures j'étais rendu au douar. Le jour était trop avancé pour que je pusse utiliser le temps qui me restait, je couchai au douar.

Le lendemain 6, j'étais sur pied de très-bonne heure ; le jour naissant me trouva dans la montagne, occupé à fouiller tous les buissons, les accidents du terrain, les moindres ravins. J'étais sur le versant nord, en face du plateau, et je ne tardai pas à y reconnaître les traces d'un énorme lion qui avait passé par là en se dirigeant vers un taillis impénétrable qui couvre le versant est.

Je pris la même direction; mais, arrivé près du taillis, je m'arrêtai, car il eût été inutile et fort imprudent de m'engager plus avant; le terrain me paraissant bon, je choisis, pour dresser mon embuscade, un ravin assez profond par où je supposais que devait passer le lion. Ce ravin est situé presque au sommet de la montagne, et pour la gravir je m'étais fatigué. La faim m'avait gagné, ce qui me fit faire halte un moment.

J'étais assis sur un rocher dominant toute la vallée, occupé à manger un morceau de pain que j'avais tiré de mon carnier.

En regardant autour de moi, mon attention fut attirée par la vue d'une nuée de vautours tournoyant sur le versant ouest de la montagne, en face de moi. Ces hardis oiseaux de proie s'abattaient incessamment sur le même point, puis s'enlevaient ensuite, et planaient au-dessus, mais toujours sans s'éloigner. Cette particularité me frappa, et je voulus savoir quel était l'objet d'une aussi âpre curée.

J'eus bien de la peine à me frayer un passage au travers du fourré; pourtant, au bout d'un quart d'heure j'étais arrivé. A mon approche, une dizaine de vautours prirent la fuite à grand bruit d'ailes, et je ne fus pas peu surpris de trouver à la place qu'ils abandonnaient, le cadavre complétement décharné d'une lionne, dont il ne restait plus que la tête et les deux pattes de devant. Ces débris exhalaient une odeur fétide et repoussante; je m'en approchai néanmoins, cherchant à me rendre compte de la cause de la mort de cette bête.

Ma vue tomba sur une fracture qui existait vers la quatrième côte, et il était facile de reconnaître que cette fracture provenait d'un projectile. La lionne était, à ne pas en douter, morte d'un coup de feu.

Puis à l'examen des environs je vis, sur la terre fraîchement soulevée par une forte pluie tombée quelques jours auparavant, des souillures de sang en plusieurs endroits. Dans d'autres places, le sol foulé et portant identiquement les empreintes du pied de la lionne, attestait que c'était là qu'elle était venue se débattre contre l'agonie.

Ces observations me conduisirent naturellement à conclure, que la mort de cette lionne devait remonter à cinq ou six jours, et que l'animal avait dû souffrir encore sept ou huit jours avant de rendre le dernier souffle ; donc il y avait environ douze ou quinze jours qu'il avait été blessé.

En rapprochant cette date de celle de l'excursion faite en compagnie de M. de Pr..., je reconnus jusqu'à l'évidence, que cette lionne était bien celle que le comte avait blessée ; elle avait donc fait près de quatre kilomètres pour venir mourir à cette place.

A l'inspection des membres restants, je vis qu'elle était de moyenne taille.

Je coupai ces membres et la tête que j'emportai avec moi, et je rentrai au douar vers onze heures.

A mon retour, les Arabes, à qui je fis part du hasard qui m'avait rendu ces dépouilles, et à qui j'indiquai l'endroit où je les avais trouvées, m'apprirent que, quelques jours auparavant, ayant conduit leurs troupeaux paître de ce côté, ils y avaient entendu des grognements et des cris plaintifs, mais qu'ils n'avaient pas cherché à reconnaître la nature ni la cause de ces plaintes.

J'employai une partie du temps qui me restait jusqu'au soir, à préparer mon embuscade dans le ravin où j'avais trouvé le passage du lion, et j'y attachai une chèvre que les Arabes m'avaient donnée pour servir d'appât. Pendant cinq nuits consécutives j'attendis vainement, le lion ne parut pas ; il fallait, sans aucun doute, que cet animal eût quitté la contrée. Je pris donc le parti de rentrer chez moi, mais un peu consolé de mon insuccès par le plaisir d'avoir retrouvé notre dernière lionne.

XIV

**ENCORE UNE LIONNE. — SUCCÈS QUI POUVAIT ME COUTER
LA VIE**

Lorsque les grandes chaleurs arrivent, les montagnes se couvrent d'abondants et gras pâturages. Les Arabes quittent alors leurs douars et conduisent leurs troupeaux sur les plateaux élevés; le lion trouve ainsi et sans presque se déranger des victimes qui suffisent largement à apaiser sa faim.

Cette particularité explique comment les nombreuses sorties que je tentai et auxquelles j'employai souvent plusieurs jours, furent toutes sans succès.

A la suite de ces excursions, je fis une maladie assez grave qui me retint chez moi jusqu'aux derniers jours de l'année.

Le 31 décembre 1859, j'étais dans un café où je jouais au billard avec quelques amis, lorsque l'Arabe Ahmed de Markounah, près Lambesse, vint m'avertir que les lions avaient fait de nouveau irruption dans la contrée occupée par sa tribu, et qu'ils avaient même étranglé un cheval la nuit précédente.

Il y avait trop longtemps que j'étais privé d'une aussi bonne nouvelle pour que je n'accueillisse pas celle-ci avec joie. Je quittai immédiatement ma partie et, quelques minutes après, j'étais en route pour aller en entamer une autre qui me plaisait bien davantage.

L'Arabe m'accompagna jusqu'au Borzoli, où nous arrivâmes vers cinq heures. Je me fis conduire immé-

diatement vers le lieu où était resté le cheval étranglé
la veille. Arrivé à cent pas du cadavre, je distinguai
facilement, à travers les branches dénudées, une
lionne et un lionceau qui festoyaient à belles dents.
Autour d'eux rôdaient cinq ou six chacals qui, sachant bien que les restes du festin leur reviendraient,
attendaient patiemment leur tour. Je m'avançai sans
encombre jusqu'au débouché d'une clairière d'où je
voyais parfaitement mes deux lions ; mais, comme
j'essayai d'approcher davantage, le bruit des pas de
mon cheval me trahit, et lions et chacals, tout disparut sous bois.

Je mis alors pied à terre et donnai ma monture à
l'Arabe pour qu'il la conduisît à la tribu.

Resté seul, et maître du terrain, je me cachai à la
hâte derrière un énorme genévrier, et j'attendis la
réapparition de la lionne.

A sept heures, les chacals vinrent me rompre les
oreilles de leurs glapissements aigus, mais ils n'o-
sèrent pas approcher tout près. Ce fut ma seule
compagnie pendant la première partie de la nuit.

Soit que la lionne eût déjà à peu près apaisé sa

14

faim, soit que j'eusse éveillé sa défiance en la déran-
geant, elle ne reparut qu'à minuit.

La lune venait de se coucher, et la clarté douteuse
des étoiles me permettait à peine de distinguer les
objets. J'entendis les pas lourds de la lionne qui
s'avançait suivie de son petit, et le bruit de la fuite
précipitée des chacals.

A quelques mètres du cheval la lionne s'arrêta, observa autour d'elle, puis s'approcha davantage. Je la
distinguais à peine comme une masse confuse, d'autant plus qu'elle venait de se coucher pour manger à
son aise. Je ne pouvais pourtant pas espérer un moment ni une position plus favorables; j'ajustai de
mon mieux et je pressai la détente. Au moment même
de mon feu, la lionne s'était dressée sans que je le
susse; la croyant toujours couchée, j'avais tiré, à
mon estime, au défaut de l'épaule, de sorte que je
ne pus me rendre compte de la place exacte où je
l'avais touchée ni de l'effet produit par ma balle.

Se sentant blessée, la lionne bondit vers moi en
poussant des rugissements terribles; mais, ne pou
vant reconnaître d'où lui venait le coup, elle prit le

parti de s'enfuir sous bois, emmenant son lionceau avec elle.

A cent pas environ, elle s'arrêta, et se mit à pousser de longues plaintes. Le silence se rétablit ensuite pendant près de deux heures, au bout desquelles les plaintes m'arrivèrent de nouveau, mais cette fois d'une distance d'un kilomètre environ, du côté de la grande montagne. Vers quatre heures du matin la lionne rugit de nouveau fortement, puis s'éloigna encore, dans la direction du versant nord.

Le matin du premier jour de l'année 1860, je partis à la recherche de cette lionne. La bête se chargeait de m'indiquer elle-même la route qu'il fallait suivre, et qu'elle avait jalonnée de traces de sang. J'arrivai ainsi au fourré qui couvre le versant ouest de la montagne du Borzoli. Le terrain était humide ; de distance en distance, des places foulées fortement par le poids de la lionne, indiquaient ses fréquents repos.

A la forme de ces traces, je pus m'assurer que la lionne était blessée à la patte gauche du devant. Cette observation me fut très-utile, car, quoiqu'elle eût le tibia fracassé, cette bête était encore en état de me conduire fort loin et de causer de grands malhéurs sur sa route.

Parvenu au chemin qui longe la montagne de l'est à l'ouest, je fus rejoint par les Arabes qui, ayant entendu mon coup de fusil, venaient me demander à m'accompagner. Ils ne trouvaient pas dans leur vocabulaire d'insultes assez nombreuses et assez grossières à l'adresse de l'ennemi qui avait fait tant de ravages chez eux.

Le taillis devenait tellement épais qu'il était très-difficile d'y pénétrer ; en conséquence, je confiai mon second fusil à l'un de ces Arabes, en lui recommandant bien de se tenir toujours près de moi afin de me passer ce fusil aussitôt que j'aurais vidé le premier.

Nous étions arrivés presque sur la crête de la montagne. D'un fort massif d'arbres et de buissons partit alors un rugissement terrible, et la lionne s'enfuit aussitôt par bonds dans une direction contraire à la nôtre. Je m'étais arrêté prêt à tirer, car j'avais pensé qu'elle allait sortir du fourré et nous charger ;

mais il n'en fut rien et elle était déjà loin quand je l'aperçus.

Aux cris qu'elle avait poussés, les Arabes effrayés s'étaient enfuis à toutes jambes, et m'avaient laissé seul.

Ce peu de courage m'avait indigné ; j'étais irrité surtout contre celui à qui j'avais confié mon fusil qui, en l'emportant, me forçait d'interrompre ma poursuite. Je battis donc en retraite et courus après eux ; puis, ayant repris mon fusil, je revins sur la piste, seul cette fois, après les avoir forcés de s'éloigner, et leur avoir expressément défendu de me suivre.

Vers une heure du soir, j'aperçus enfin ma lionne, mais un peu loin ; elle était couchée. Fatigué de cette longue poursuite, je hasardai un coup de fusil. Elle bondit aussitôt en poussant d'affreux rugissements, semblant chercher d'où lui était venu le coup.

Je ne pus à ce moment redoubler de mon second coup, car en se rapprochant elle avait mis entre elle et moi un fourré qui me permettait à peine de la voir. Cinq minutes après elle fuyait de nouveau, et descendait le versant est de toute la vitesse qui lui restait.

14.

Je rechargeai mon fusil à la hâte et je m'élançai dans
cette direction. A partir de là, les traces de sang se
montrèrent de plus en plus fortes et tous les cent pas
j'entendais l'animal tomber et se rouler. Ces indices et
les plaintes qu'il ne cessait de pousser, me prouvèrent
qu'il était atteint très-grièvement et qu'il souffrait
beaucoup. Dès lors même je pus poursuivre la lionne
rien qu'à l'ouïe ; de temps en temps, je décrivais de
longs circuits en avant pour lui couper la retraite ; mais
le terrain était tellement accidenté, et le taillis si épais
que j'arrivais toujours trop tard. Toutes ces manœuvres jointes à la longue course que je venais de faire
m'avaient harassé, et la faim, qui se faisait vivement
sentir (je n'avais rien bu ni mangé depuis la veille à
dix heures du matin) l'emporta enfin sur mon énergie ordinaire. Du reste je n'aurais pu, affaibli comme
je l'étais, rattraper cette bête ; j'abandonnai donc ma
poursuite et je revins à Batna, pour m'y reposer pendant trois jours, mais avec la résolution bien arrêtée de revenir après ce délai. Je calculais qu'au fur
et à mesure que je reprendrais mes forces, celles de
mon ennemie s'affaibliraient par la souffrance et la

perte de sang, et que je pourrais la joindre avec moins de danger.

Le quatrième jour, je retournai au Borzoli, à l'endroit où je pensais retrouver ma lionne, mais elle avait décampé. Elle était allée se gîter entre le taillis et le grand bois.

En me dirigeant de ce côté, je remarquai de nouveau que, partout où elle s'était arrêtée pour se coucher, elle avait perdu beaucoup de sang.

Je marchais toujours bien doucement, le doigt sur la détente, craignant à chaque instant de la voir s'élancer du milieu des touffes.

Malheureusement je ne pouvais éviter de faire du bruit, en raison de la nécessité de me frayer un passage à travers les branches ; j'en étais fort contrarié, car ce bruit l'avertissant de mon approche m'exposait à une attaque subite et de plus l'engageait à fuir au cas, probable d'ailleurs, où elle aurait été blottie dans le taillis que je parcourais.

Tout à coup je tombai, sans m'y attendre, sur le gîte même où elle avait passé les trois nuits pendant lesquelles je l'avais laissée en repos ; grande fut ma surprise en l'entendant fuir ; elle descendait à toutes jambes la pente qui conduit au ravin, en se dirigeant vers le grand bois. Cette fuite fut tellement prompte que je ne pus même l'apercevoir.

La place dont je venais de la déloger, et où j'étais, attira toute mon attention. Les herbes étaient hachées et mêlées aux branches des buissons que la lionne avait coupées pour s'en faire un lit plus doux. La terre et les cailloux étaient amoncelés, et le tout était teint du sang qu'elle perdait par ses blessures. On pouvait reconnaître qu'elle s'y était roulée, car sa couche était foulée et conservait les marques des mouvements convulsifs occasionnés par la douleur.

La rapidité de sa fuite me démontra que, malgré ses deux blessures, cette lionne conservait encore une grande vigueur ; ses bonds, en descendant la pente, ne mesuraient pas moins de sept à huit mètres.

A deux cents mètres plus loin, je la rencontrais de nouveau, mais toujours pour la voir fuir aussitôt. Cette fois, cependant, elle m'avait vu venir ; quelques pas plus loin elle s'arrêta, et comme je continuais à

avancer, elle me fit face et parut décidée à me tenir
tête.

Je n'étais plus qu'à cent cinquante pas d'elle ; elle
était parfaitement à découvert, et paraissait m'attendre. Debout et la tête au vent, elle grinçait toutes
ses dents, se battait les flancs de sa queue, poussait des grognements sourds et menaçants, et paraissait résolue à vendre chèrement sa vie.

Je compris que tout mouvement de retraite eût été
de ma part en ce moment une grande imprudence ; je
n'aurais pas eu fait trente pas que la bête eût été sur
moi, engageant une lutte corps à corps dans laquelle
je n'étais pas certain d'avoir l'avantage, et où, me
fût-il resté, encore eus-je payé peut-être chèrement
la victoire. Ces réflexions me passèrent rapidement
dans l'esprit ; je m'avançai donc résolûment vers
elle, appelant à mon aide tout le sang-froid et le
courage qui, en pareille occasion, ne m'ont jamais
fait défaut.

La bête était toujours debout et prête à bondir sur
moi. J'avais remarqué, à cinq ou six pas sur ma
droite, un gros chêne dont l'abri m'avait paru pro-

pice. Une fois posté derrière l'arbre je pouvais, en me jetant de côté, éviter le premier choc. Je m'y dirigeai en biaisant, mais sans cesser de faire face, et prêt à faire feu à la moindre alerte.

Le bruit de mes pas sur la terre et des branches sèches craquant sous mes pieds semblait irriter de plus en plus la lionne. J'arrivai à l'arbre cependant, et ne m'entendant ni ne me voyant plus, elle s'apaisa. Mais ce n'était pas là mon but en venant m'abriter ainsi.

Je criai pour l'attirer à moi, mais elle resta en place, me répondant par des rugissements terribles et menaçants. Je ne pouvais quitter ma position et m'avancer vers elle : c'eût été une folie impardonnable, puisqu'il y allait d'une mort presque certaine pour moi, si je l'avais manquée. Je sentais mon sang bouillonner, l'impatience, l'agitation me gagnaient ; je voulus sortir de cette perplexité, et je tirai un coup de feu à l'aventure pour l'attirer à ma portée. L'effet fut immédiat; à peine la détonation eut-elle retenti que la lionne fondit sur moi par bonds, en rugissant de toutes ses forces. Cette agression fut tellement vive, que mon ennemie avait franchi la distance qui nous séparait et n'était plus qu'à dix pas de moi, avant que j'aie eu le temps de saisir mon autre fusil. Un dernier bond, et mes armes devenaient inutiles, car j'étais obligé de lui résister corps à corps.

Le danger était imminent; prompt comme l'éclair, je l'ajustai et fis feu. L'animal esquiva le coup par un bond de côté; immédiatement je doublai de mon second coup... C'était le dernier.

Il était temps, car, de ce suprême effort, la lionne tombait sur moi, et le poids seul de son corps eût suffi à m'écraser, si mon second coup de feu, en l'arrêtant dans son élan, ne lui eût enlevé le peu de forces qui lui restait; elle vint rouler presque à mes pieds. Je sautai vivement en arrière, puis, jetant mon fusil, désormais inutile, dans une si terrible conjoncture je saisis mes pistolets pour lui fracasser la tête... Mais je n'eus pas besoin d'en faire usage, car la pauvre bête avait été foudroyée; elle rendait le sang à pleine gueule; à peine un râle distinct, quelques légers tressaillements... Quelques minutes encore, et elle était morte...

Je pus alors m'approcher et chercher l'effet de ma

dernière balle. J'avais visé à la tête ; mais comme, en ce moment, la lionne, prenant son élan pour bondir sur moi, avait nécessairement baissé le train de devant et relevé la partie postérieure, ma balle avait frappé entre les omoplates et lui avait brisé l'épine dorsale. Ce fut un grand bonheur pour moi, ce fut un hasard providentiel ; sans lui j'aurais eu à qui répondre...

J'allai chercher des Arabes qui chargèrent l'animal sur un mulet, et je revins à Batna entouré d'indigènes qui m'accablaient de remercîments et ne cessaient de témoigner leur joie d'être débarrassés d'un hôte qui, depuis longtemps déjà, était pour eux une charge très-lourde et très-onéreuse.

XV

UNE PANTHÈRE AU TABINT'H

Les mauvais temps qui reviennent à cette époque de l'année, et l'obscurité complète des nuits, dans ce pays où le ciel est alors toujours nuageux, m'avaient retenu à la maison pendant quelque temps. J'avais grand besoin de repos, du reste, et j'en profitai.

Ce ne fut que le 12 février suivant que, ennuyé de cette vie oisive, je me décidai à me remettre en campagne. Le temps était redevenu beau et paraissait vouloir se prolonger ainsi ; je partis emmenant avec moi un de mes amis intimes, M. Nicolin. Nous nous dirigeâmes vers les Beni-Oudjana, dont les habitations ou plutôt les tentes sont situées à environ soixante-huit kilomètres de Batna, près de la montagne du Chéliah, à quarante-huit à peu près de Krinchelah.

Aussitôt arrivés, nous cherchâmes à reconnaître aux traces la présence du lion dans cette contrée; ce fut en vain. Nous ne trouvâmes que la voie de sangliers qui avaient fouillé toutes les clairières.

Pour employer le temps, nous prîmes le parti de chasser ces animaux, et nous ouvrîmes la campagne en en abattant plusieurs.

Cette chasse étant étrangère à mon sujet, je passe légèrement sur ses détails.

Quatre jours plus tard, nous étions dans une montagne appelée Tabint'h; sur son versant nord nous rencontrâmes des empreintes de lion. Mais trois jours de recherches minutieuses n'amenèrent aucun résultat, et, déçus dans notre espoir, nous reportâmes notre mauvaise humeur sur les sangliers.

Rappelé pour des opérations commerciales, mon ami Nicolin me quitta dès le 19 pour rentrer à Batna.

Le lendemain, quand je revins avec des Arabes pour faire enlever les sangliers que nous avions tués, je reconnus qu'un de ces animaux avait déjà été entamé. A l'examen attentif des empreintes laissées sur le sol, je vis que c'était le fait d'une panthère ; les branches dont j'avais recouvert les sangliers avaient encore conservé des poils blancs qui ne pouvaient appartenir qu'à un carnassier de cette espèce.

Je renvoyai immédiatement les Arabes.

Il était midi, le froid était des plus vifs ; la terre était couverte de neige. A la hauteur où je me trouvais, j'avais beaucoup à souffrir du vent glacial du nord qui soufflait violemment et amoncelait la neige par gros tas. Pour me garantir de ces intempéries, je me bâtis un léger abri au pied d'un grand cèdre, dont je coupai les basses branches pour me faire un petit entourage. A quatre heures du soir, j'étais installé.

J'avais extrait et laissé sur place les entrailles des sangliers, auxquelles j'avais joint l'épaule de celui que la panthère avait commencé à dévorer. Le tout était solidement attaché.

Vers le soir, le temps s'éleva un peu, et la lune qui

était magnifique dardait en plein et éclairait tout autour. A huit heures, la panthère arrivait et donnait
des signes d'impatience de ne plus retrouver une
proie qu'elle venait chercher et qu'elle croyait assurée. Elle s'assit en face de moi, sur un rocher, à
quinze pas environ.

Les tourbillons de neige que la rafale entraînait à
tous moments, m'empêchaient de l'ajuster; je fus
forcé d'attendre. Heureusement la panthère restait
immobile, et je la découvrais dans tous ses contours,
la couche blanche qui enveloppait la terre donnant du
relief aux moindres objets. Enfin je pus profiter d'un
instant d'embellie; je visai la panthère en plein poitrail, et je fis feu. L'animal blessé roula en bas du
rocher, se débattit pendant quelques minutes, puis
tomba inerte sur le sol. Elle était morte... C'était
y mettre trop de complaisance, messieurs de la race
léonine ne m'avaient pas habitué à de si faciles succès. Je ne pouvais pas cependant, pour acquit de
conscience, tirer un deuxième coup de feu sur une
bête morte.

Je m'approchai de ma victime, et j'examinai l'ef-

fet de ma balle ; elle lui avait traversé tout le corps
en entrant par le poitrail, et était allée sortir par l'é-
pine dorsale...

C'était une belle et bonne blessure ; bien des lions,
de première taille même, s'en fussent contentés !

A moitié engourdi, et n'attendant pas d'autres
visites, je me hâtai de me rendre à la tribu, car il
était impossible de supporter plus longtemps le froid.
— La montagne de Tabint'h est le point le plus froid
de tous les environs de Batna.

Le lendemain, les Arabes, mes fidèles auxiliaires
dès que la bête est morte, vinrent enlever la panthère,
et je me remis en route pour rentrer chez moi.

J'eus à regretter d'avoir entrepris cette chasse. Le
froid que j'avais dû endurer, et la neige qui ce jour-là
tomba assez abondamment pour couvrir la terre
d'une couche de 80 centimètres, et qui avait traversé mes vêtements, m'avaient saisi ; je tombai sérieusement malade. Ce ne fut qu'après un mois de
soins et de bons traitements du médecin, que je pus
reprendre mon fusil.

15.

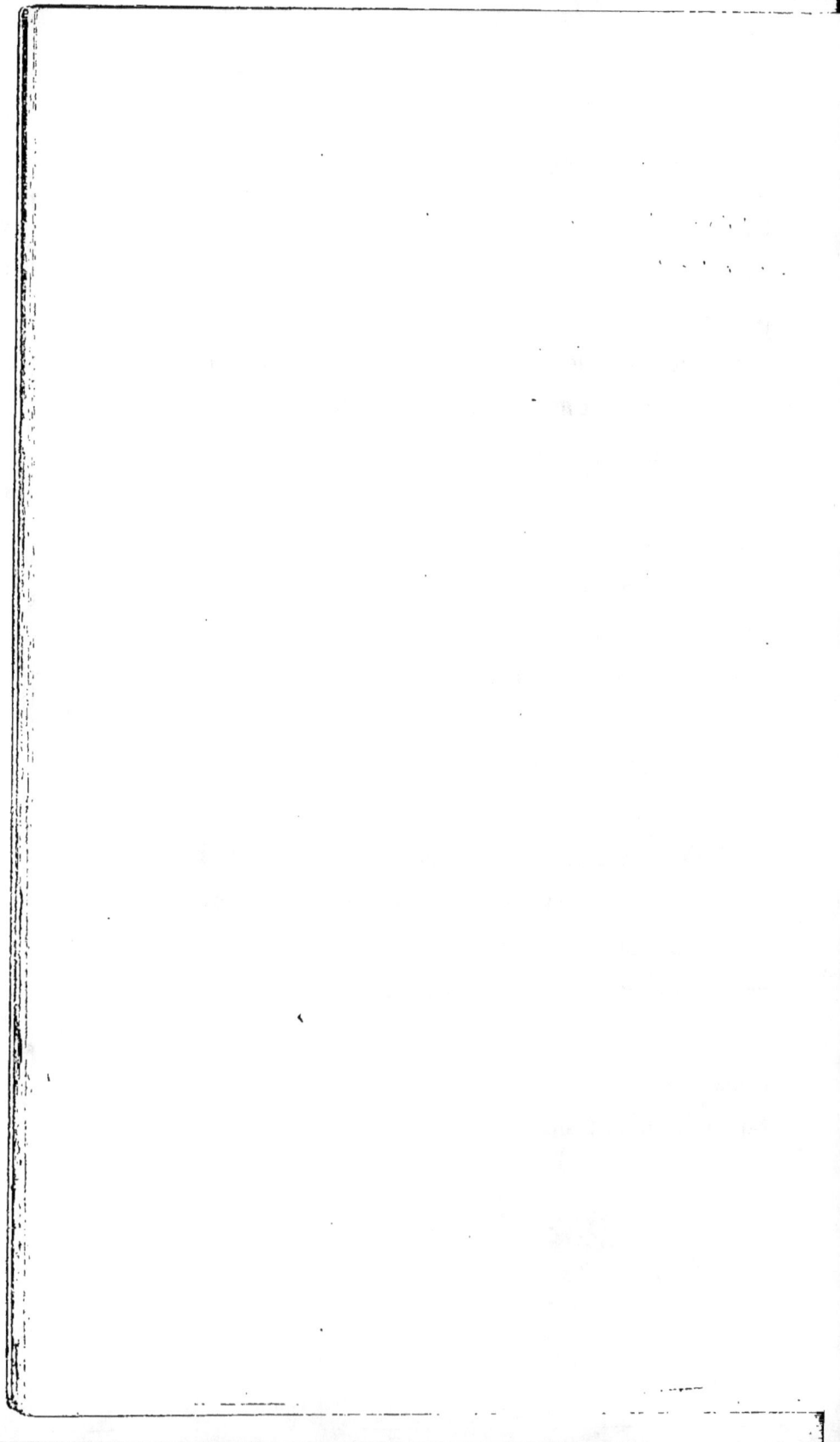

XVI

LES BENI-OUDJANA. — UNE EXPÉDITION MALHEUREUSE

Le 17 mars, j'étais de nouveau chez les Beni-Oudjana, où le cheick Bel-Halh me reçut avec la plus cordiale hospitalité, et me prodigua la diffa.

Le lendemain, impatient que j'étais de joindre l'ennemi, le jour naissant me trouvait déjà dehors, occupé à explorer la montagne; toute la journée fut employée en recherches infructueuses.

La grande quantité de neige qui était tombée avait, en fondant, chassé les lions des hauteurs et les avait forcés à descendre sur les plateaux inférieurs, où la terre, continuellement détrempée par les eaux de ces neiges, ne conservait aucune trace.

Je redescendis donc sur une petite montagne appelée Ya-Bousse, entourée de tribus riches en troupeaux où le lion trouvait à assouvir largement sa faim. Le mauvais temps, qui empêchait les Arabes de mener paître leurs bestiaux dans la montagne, favorisait d'ailleurs les manœuvres du lion, et c'étaient chaque jour quelques nouvelles victimes qui disparaissaient.

Le troisième jour après mon arrivée, il s'éleva un petit vent du sud, qui, secondé par le soleil déjà chaud de mars, fondit rapidement ce qui restait de neige sur les hauteurs; les lions purent remonter prendre possession de leurs repaires habituels.

Je passai deux nuits à l'affût, pendant lesquelles deux lions vinrent chaque fois, vers neuf heures et demie du soir, jusqu'à quinze pas de moi. Mais l'obscurité était telle qu'elle ne me permit pas de les tirer. Je ne voulais pas, du reste, les déranger inutilement, car, en patientant deux ou trois jours, j'étais presque certain d'en avoir bonne raison.

Le lendemain de ma dernière nuit d'affût, j'allai pousser une reconnaissance du côté où mes deux lions s'étaient éloignés, et je découvris leurs traces de rentrée au même endroit que j'avais remarqué la veille.

Satisfait de cette observation qui venait confirmer mes prévisions, je revins à la tribu pour prendre quelque nourriture. Un cavalier qui m'y attendait me remit une lettre du chef du bureau arabe de Batna, qui m'intimait l'ordre de rentrer immédiatement.

C'était à l'époque des événements du Hodna ; nos troupes y étaient en expédition, et il craignait que mon séjour dans ces contrées ne me fût funeste. Je riais de cette crainte puérile, car je suis chez les Arabes aussi en sûreté que chez moi ; mais néanmoins il me fallait obéir à cet ordre, et je cédai, bien qu'avec regret, car je me voyais sur le point de faire une bonne chasse, du moins toutes les apparences me le faisaient espérer.

Quelques jours auparavant un Arabe qui m'est très-dévoué m'avait averti que des bandits infestaient la montagne de Mam'ra, où cette fois je m'étais arrêté. Ces bandits venaient audacieusement piller les troupeaux en plein jour et à main armée, puis se reti-

raient sur le haut des montagnes et le lendemain on
trouvait les bergers assassinés.

Cet avertissement m'avait tenu sur mes gardes. Je
demandai en partant à l'Arabe qui me l'avait donné si
ces bandits étaient nombreux et bien armés. Sur sa
réponse qu'ils étaient huit, armés de pistolets et de
longs couteaux, je fus rassuré, car ces armes sont peu
redoutables. Je n'hésitai pas à me mettre en route,
confiant dans la bonté de mes armes, qui me donnaient la supériorité sur ces bandits si toutefois ils
venaient m'attaquer, ce dont je doutais, car quiconque
a habité l'Afrique connaît la poltronnerie presque pro-
verbiale des Arabes qui fuient devant la force ou la
résistance comme la bête fauve devant le chasseur.

J'arrivai en effet à Batna sans le moindre accident,
mais regrettant presque d'avoir obéi à l'ordre du chef
du bureau arabe ; car, je le répète, je n'ai jamais craint
et ne crains pas encore de me trouver dans les tribus
même les plus insoumises de l'Aurès, où tous les
Arabes me connaissent et m'accueillent comme un
ami.

XVII

LE LION DU BOU-ARIF A DE BONNES DENTS — TROIS MINUTES DE LUTTE

Les privations et les fatigues que j'avais endurées pendant le cours de l'hiver précédent, avaient si profondément altéré ma santé, que je me vis forcé d'interrompre mes chasses pendant près de six mois. J'employai une partie de ce temps de repos nécessaire à faire un voyage en France où l'air natal ne tarda pas à me rendre les forces perdues ; je revins alors en Afrique, et je n'attendis plus que le moment opportun pour reprendre les hostilités, en compagnie d'un capitaine du 8ᵉ chasseurs à cheval, alors en garnison à Batna, avec lequel je m'étais lié, et qui m'avait prié instamment de le faire assister à quelqu'une de mes chasses.

Des Arabes nomades au Bou-Arif m'assuraient alors que plusieurs lions y avaient élu domicile ; que chaque jour, ou plutôt chaque nuit, ces lions attaquaient et décimaient leurs troupeaux ; ce fut de ce côté que je me dirigeai le 26 septembre, avec mon capitaine.

Nous couchâmes la première nuit à Fess-Aiss, où un Espagnol m'amena un mulet destiné à servir d'appât. Le lendemain, nous reprîmes notre route, en longeant le versant nord du Bou-Arif, et nous arrivâmes au grand pic du Fourer, point culminant de la montagne. Nous laissâmes alors nos montures et notre tente à la garde du chasseur d'ordonnance du capitaine, et nous commençâmes de suite notre quête.

Je dois dire, avant d'aller plus loin, que nous avions établi notre campement tout près de celui d'une tribu nomade, qui payait chaque jour des plus belles têtes de son bétail le dangereux honneur d'avoir le lion pour voisin. Cette tribu était campée elle-même sur un chemin qui relie El-Mader avec le plateau du Pic, position qui pouvait, par la suite, nous devenir fort utile.

A cinq cents mètres environ de notre campement, je coupai quelques branches de genévrier avec lesquelles je simulai un buisson destiné à nous servir d'abri, sur une petite éminence d'où je dominais tout le pays autour de nous. Ces préparatifs achevés, je choisis avec soin la place que je jugeai favorable pour attacher mon mulet et, le soir venu, nous nous rendîmes à notre poste. Cette première nuit, notre veillée fut in-fructueuse, nous eûmes beaucoup à souffrir du sirocco, qui soufflait impétueusement; le lendemain matin, nous revînmes à notre camp, où nous nous reposâmes tout le jour.

Le 28, je partis de nouveau en reconnaissance, dès le matin, visitant avec soin tous les passages et tous les repaires que j'avais explorés déjà pendant mes chasses précédentes. Nous revenions au camp, sans

16

avoir rien trouvé, lorsqu'en remontant le chemin qui
vient des Achesch, versant sud-est, je reconnus des
traces qui me révélèrent le passage d'une lionne traversant le chemin. Ces traces étaient mêlées à celles
des bestiaux qui fréquentaient cette voie pour aller
aux pâturages, mais elles étaient parfaitement distinctes et de bon temps. Cette découverte ranima
toutes mes espérances ; car, à l'aller comme au retour, la lionne passait forcément à quelques pas de
mon embuscade, ce qui m'évitait la peine d'en construire une autre. Nous rentrâmes au camp, double-
ment fatigués par notre course et par le sirocco, qui
avait redoublé d'impétuosité ; après le déjeuner et
quelques heures de repos, nous reprîmes la route de
notre embuscade où nous arrivâmes à la chute du
jour.

Pendant toute cette seconde nuit de veille, nous
fûmes fort importunés par les cris incessants des chacals, musique désagréable s'il en fut, et peu faite pour
nous distraire ; mais aucun lion, si petit qu'il fût, ne
vint nous rendre visite.

Ce double insuccès concordait si peu avec les renseignements que j'avais recueillis, que j'en fus fort étonné, et que je commençai à soupçonner que la lionne, pour arriver à la tribu, pouvait bien prendre une autre route que celle où je l'attendais.

En conséquence, je recommençai ma quête. Sur le chemin où j'avais reconnu la veille le passage de la lionne, je trouvai des empreintes toutes fraîches et exactement pareilles aux précédentes ; ce fut pour moi un trait de lumière.

Certain désormais d'être sur le véritable passage, je suivis, avec mon compagnon, le contre-pied de l'animal, qui nous conduisit à un petit plateau dont le terrain, tout labouré d'empreintes, nous signalait le rendez-vous habituel de plusieurs lions.

Après cette découverte, notre première embuscade devenait inutile ; j'en installai une autre à cet endroit même et, à cinq heures et demie du soir, nous reprenions notre faction, remplis d'espérance, lorsqu'un Arabe accourut vers nous tout essoufflé, et nous apprit que le lion venait d'abattre un bœuf dans le versant sud ; il fallait encore modifier nos plans pour la nuit.

Nous repartîmes donc pour l'endroit indiqué, sous la

conduite de l'Arabe, et, en chemin, nous en rencontrâmes quelques autres qui nous confirmèrent les assertions de notre guide.

Pendant plus d'une heure de marche, nous eûmes à lutter contre les obstacles de l'inextricable taillis où nous étions engagés; nous ne portions que nos armes, .es Arabes s'étant chargés de nos couvertures.

A la nuit, nos guides se refusèrent de pénétrer plus avant dans les ravins et ils nous quittèrent, en nous indiquant la place où nous retrouverions le bœuf; quelques minutes plus tard, nous y étions rendus. Les quartiers de l'animal avaient été déjà dépecés par les Arabes et juchés sur un chêne; je les y repris et les replaçai à l'endroit même où le bœuf avait été abattu.

Le temps manquait pour dresser une embuscade dans toutes les règles; nous nous hâtâmes d'y suppléer, autant que possible, en rassemblant les branchages d'un lentisque au milieu desquels nous nous blottîmes immédiatement. Nous fûmes fort surpris de voir en ce moment même paraître quelques Arabes qui s'étaient enhardis au point de nous amener une chèvre vivante, pensant que cet appât serait préférable;

mais leur visite ne fut pas longue, car ils repartirent de suite, en nous laissant une petite outre pleine d'eau.

Le sirocco avait cessé de souffler et était remplacé par le vent du nord ; la nuit s'annonçait très-fraîche : aussi m'étais-je muni du burnous d'un Arabe, seul vêtement qui pût nous garantir du froid, puisque nos guides avaient emporté nos couvertures avec eux ; cette précaution nous servit bien d'abord ; car, entre dix et onze heures, le capitaine se plaignit du froid et d'un engourdissement insupportable. Je partageai mon burnous avec lui ; mais à minuit, le froid devint tellement vif, qu'il ne fut plus possible de le supporter ; le capitaine me demanda à rentrer, et je dus accéder à son désir. Avant de quitter l'embuscade, où j'étais forcé de laisser la chèvre, j'eus soin d'étendre le burnous sur le lentisque, afin d'effrayer les chacals et de protéger ainsi la vie de la pauvre bête ; puis je repris, avec mon compagnon, le chemin de la tribu, m'orientant de mon mieux, et ne retrouvant ma route qu'avec peine, dans ces fourrés qui me sont pourtant parfaitement connus. Nous suivions prudemment le

16.

fond du ravin, en nous engageant le moins possible
dans le fort. Nous atteignîmes enfin la route qui, en
une demi-heure, nous ramenait à notre campement.

Grande fut notre surprise, en arrivant, de voir de
grands feux allumés tout autour de notre tente. Le
capitaine appela brusquement son chasseur qui s'em-
pressa d'accourir, mais trop ému encore pour être
en état de répondre à nos questions et de nous expli-
quer la scène dont j'avais deviné les principaux incidents.

Voici ce qui s'était passé en notre absence :

Vers huit heures du soir, un énorme lion avait débouché du coin du plateau, et était venu rendre visite
au chasseur. Tantôt rampant, tantôt marchant, le lion
se tenait en vue du campement et manœuvrait pour
s'approcher de nos chevaux. Notre homme avait eu
alors l'idée d'allumer des feux tout autour de lui, espérant éloigner le terrible visiteur ; mais celui-ci, loin de
s'effrayer, s'était mis à décrire, de son pas le plus tranquille, des cercles autour de la tente : puis il s'était
assis à cent mètres environ, sans quitter pourtant la
lisière du bois. En ce moment, le chasseur lui avait im-

prudemment tiré un coup de fusil. Le lion s'était levé
dédaigneusement et avait repris sa manœuvre circulaire, rugissant à pleins poumons, se battant les flancs
de sa queue, et donnant les signes les plus évidents
de sa puissante colère. Il disparaissait à peine au moment où nous arrivions, dérangé sans doute par notre
présence, et nous laissant pour adieu un effroyable
rugissement, qui retentit comme un appel dans la
vallée du sud. Il était trop tard pour tirer parti de
cette circonstance; nous rentrâmes prendre un repos
bien gagné.

Ma première pensée, le lendemain 30 septembre,
fut d'aller à la recherche du mulet que nous avions
laissé la veille dans les environs de notre première
embuscade. Les traces du gros lion, que je ne tardai
pas à découvrir, nous y conduisirent tout droit. Nous
trouvâmes, selon mes prévisions, le mulet abattu, à
moitié dévoré; le lion avait cherché à enlever les
restes et à les traîner dans le bois; une nuée de vautours, acharnés déjà sur ces débris, prit son vol à
notre approche.

Presque certain que le lion reviendrait la nuit sui

vante, je fis mes préparatifs pour la passer à cet endroit. J'arrangeai une espèce d'abri, au milieu d'une touffe de chêne dont je rassemblai les branches destinées à nous bien cacher ; puis, après avoir recouvert les restes du mulet avec des broussailles, nous regagnâmes notre tente pour nous y reposer tout le jour.

A cinq heures du soir, nous étions à cheval, suivis d'un Arabe qui devait ramener nos montures.

A six heures, nous étions à notre affût, complétement seuls. A peine la nuit fut-elle tombée, que deux rugissements retentirent au loin, nous annonçant la visite que nous attendions. Ces rugissements partaient du ravin et à environ trois kilomètres au sud. Je recommandai alors au capitaine l'immobilité la plus complète et le silence le plus absolu. Le lion devait, selon toute probabilité, passer près de nous, et le moindre bruit de notre part pouvait l'en détourner.

Cependant la voix se tut et, jusqu'à sept heures et demie, nous n'entendîmes plus rien. A ce moment, quelques cris faibles et rauques, partis d'une petite distance, nous annoncèrent l'arrivée de la lionne, dont le pas lourd s'entendait déjà sur le chemin. A huit heures, le gros lion éleva de nouveau sa formidable voix sur le haut de la montagne au nord. Il suivait le chemin qui passait près de la tribu, ce qui me fit craindre un moment pour nos chevaux restés au camp. En cinq minutes, il avait franchi une bonne partie de la distance qui nous séparait, et n'était plus qu'à trois cents mètres; en venant de cette direction, il devait rencontrer la lionne; en effet, les rugissements cessèrent presque aussitôt.

Tout à coup, indice précurseur de l'arrivée du lion, les chacals, qui n'avaient cessé de nous importuner, semblèrent pris d'un effroi subit et s'enfuirent; l'animal s'annonçait d'ailleurs par le fracas qu'il faisait en traversant le bois, et par le bruit sourd de son pas; encore quelques secondes et les lueurs fauves de ses yeux brillants m'annoncèrent que nous touchions au dénoûment.

Ce lion était superbe et de première taille : il s'avançait crinière au vent, et vint très-lentement jusqu'à trois pas de la proie. Là, il s'arrêta comme indécis et observa attentivement tout autour de lui; mais nous étions trop bien cachés pour craindre d'être découverts.

Le capitaine, ne pouvant retenir sa respiration, siffla légèrement du nez. A ce faible souffle qui, dans le silence de la nuit, s'entend si distinctement, le lion fut averti et fit un mouvement pour s'éloigner.

Craignant de le voir s'échapper, je m'empressai de serrer les deux détentes à la fois, afin de mieux le foudroyer, attendu qu'il était mal placé ; mes deux coups ne firent qu'une seule détonation. Le lion, se sentant frappé, fit un énorme bond de notre côté en poussant des rugissements plaintifs, et s'enfuit sous le bois en rasant les branches qui nous entouraient. Pendant quelque temps encore, ses cris parvinrent jusqu'à nous, mais de plus en plus faibles, ce qui nous fit croire qu'il était à l'agonie.

Le capitaine me demanda : « Est-ce là un lion? On dirait un sanglier. — Oui, capitaine ; c'est un grand lion à tous crins, et il emporte mes deux balles, j'en suis certain. — Mais, dit-il, il me semble que vous n'avez tiré qu'un coup ? » Pour le convaincre du fait, je lui fis voir mon fusil. Il était alors dix heures du soir.

Le reste de la nuit se passa dans l'impatience de

voir arriver le jour. Le capitaine me proposa de rentrer à notre tente ; je me gardai bien d'accéder à une
telle demande, car cette imprudence aurait pu nous
être funeste, attendu que nous ne savions pas ce
qu'était devenu le lion et la lionne que nous avions
précédemment entendus, et qui pouvaient tous deux
se trouver sur notre passage ; du reste, j'avais encore
l'espoir que la lionne viendrait à notre appât.

Aussitôt le point du jour, nous sortîmes de notre
abri, faisant un grand bruit dans les branchages et
nous assurant des alentours. Mais comme il était
encore trop matin pour aller à la recherche de notre
victime présumée, nous résolûmes d'attendre les
Arabes du douar, que la détonation de la veille ne
pouvait manquer d'amener à notre rencontre. En
effet, après quelques minutes d'attente, nous les vîmes
arriver.

Je donnai l'ordre à l'un d'eux de seller nos chevaux
et de nous les amener à l'embuscade ; puis nous nous
mîmes en quête, suivant le lion aux rougeurs, ac-
compagnés de loin par quelques Arabes, auxquels
j'avais recommandé le plus profond silence.

Le capitaine, qui était armé d'une petite carabine Lefaucheux et d'un bon fusil double, laissa ce dernier entre les mains d'un Arabe, afin d'être moins embarrassé pour passer dans les broussailles; il ordonna à l'Arabe de nous suivre. La carabine que conservait le capitaine était une arme insignifiante pour aller à la recherche d'un animal aussi redoutable; puis ses cartouches étaient faites depuis plus d'un an et chargées pour tirer en cible.

Nous arrivâmes ainsi jusqu'à une place où le sol était fortement foulé et piétiné; les branches étaient cassées tout autour, et une mare de sang tenait le milieu, ce qui me révéla que c'était à cette place que le lion avait fini la nuit. Poursuivant mes recherches, j'arrivai bientôt à un endroit où le terrain était tellement sec et dur, qu'il n'y avait aucun retour possible; les rougeurs avaient en outre disparu; j'y perdis toute trace.

Nous délibérions sur ce qu'il fallait faire, quand l'Arabe qui portait le fusil du capitaine m'assura qu'il venaitd'entendre deux éclats de voix faibles et plaintifs, un peu plus haut et sur notre droite, dans un fourré

presque impénétrable. Je recommençai mes recherches, en décrivant un demi-cercle, tout en descendant dans le fond du ravin, afin de m'assurer si
l'animal n'avait pas quitté l'endroit indiqué par
l'Arabe ; je le pouvais d'autant mieux que le fond du
ravin était sablonneux. Pendant ce temps, l'Arabe
qui avait entendu les gémissements du lion, avait été
saisi de terreur et s'était esquivé en emportant le fusil
du capitaine. Il eut bientôt rejoint ses camarades
qui étaient au-dessus, et ils se mirent tous à lancer
des pierres dans le fourré, pendant que le capitaine
et moi nous étions toujours dans le fond du ravin.
Ces pierres délogèrent le lion qui, nous ayant vus
ou entendus, s'embusqua dans une touffe de broussailles.

Arrivé au fond du ravin, je gravis le versant qui me
faisait face, sans être plus heureux dans mes recherches. Persuadé toutefois par l'examen des lieux
que, si le lion était resté, c'était là qu'il devait être,
je redescendis dans le ravin, tout en cherchant des
traces sur le sable. Suivi par le capitaine à deux ou
trois pas de distance, j'arrivai à une petite clairière

17

où il n'y avait que des genêts et des touffes de diss[1].

Tout à coup, du milieu d'une de ces touffes, part un cri puissant, et je vois surgir le lion qui, du premier bond, vient tomber à six mètres de moi. Pressé par l'imminence du danger, je tire sans mettre en joue et, à peine ai-je eu le temps de serrer le doigt, que, sans me laisser redoubler, cette masse énorme tombe sur moi en m'écrasant.

J'étais renversé, la tête en bas, le lion, couché sur moi, avait mon bras droit dans sa gueule. Obéissant à l'instinct de la conservation, je portai la main gauche à ma ceinture pour prendre un de mes pistolets, afin de lui casser la tête; mais je ne les trouvai plus !...

Ils s'étaient perdus dans ma chute.

J'étais donc seul aux prises avec ce terrible adversaire, sans autre défense que mes bras, dont l'un était paralysé dans la gueule de l'animal.

Le lion lâcha mon bras et chercha à me saisir la tête, l'élan qu'il prit sur ses pieds de derrière pour y

---

[1] Espèce de grande herbe à deux tranchants, qui est toujours verte, et que les Arabes donnent à leurs chevaux et à leurs mulets.

parvenir, me fit glisser sous lui; pourtant sa dent accrocha au passage ma lèvre inférieure et me la fendit jusqu'au menton.

Par un effort surhumain, je saisis le lion à la crinière, au-dessus de l'oreille, et, glissant le pouce sous sa mâchoire inférieure, je parvins à le maintenir à distance; une autre secousse me fit glisser encore davantage, de sorte qu'il ne pouvait plus atteindre ma tête sans changer de position, mais il me saisit une seconde fois le bras et le laboura avec furie de nouvelles morsures.

Cette scène avait duré bien moins de temps que je n'en ai mis à la raconter.

Toujours maître de mes sens, je criai alors : « A moi, capitaine! au secours! » mais inutilement; je ne vis venir personne.

Mes forces commençaient à s'épuiser, par suite de la longue résistance que j'avais opposée à mon adversaire et de la douleur que me causaient ses morsures.

J'étais bien près de faiblir, lorsque je m'aperçus que le lion était moins acharné et qu'il paraissait même lâcher prise. Je repris donc courage, et cela donna au capitaine le temps de venir à mon secours et de décharger ses deux coups de carabine dans le flanc gauche de l'animal. Heureusement pour moi que ces balles n'avaient point de force, autrement elles m'auraient traversé avec le lion.

Il a été constaté que ces balles, n'ayant pas été déformées, n'avaient pénétré qu'à deux centimètres dans les chairs de l'animal ; tandis que ma dernière balle, ayant frappé au poitrail, lui coupait la gorge, lésait le cœur et broyait les poumons.

Ces deux nouvelles blessures redoublent la fureur du lion qui lâche mon bras et me prend par l'épaule, seul endroit où il puisse m'atteindre, puis, se levant sur ses pattes de derrière, il s'élance dans le fond du ravin en m'entraînant avec lui.

Ce moment fut horrible ; je croyais avoir atteint ma dernière heure.

Pendant cette course, ma tête frappait contre le bois et mes reins heurtaient les pierres ; cependant je criai : « Capitaine, prenez mon fusil, il est encore chargé d'un coup. »

Je ne sais s'il m'entendit, mais toujours est-il qu'il n'en fit rien.

Ce fut dans ces affreuses tortures que j'arrivai jusqu'au fond du ravin, toujours porté par le lion, mais aussi le tenant toujours de ma main gauche. Cette résistance l'irritait tellement qu'il me secoua avec rage à deux reprises, et je sentis mon épaule craquer sous sa formidable mâchoire.

Tout à coup je le vis s'affaisser et tomber près de moi sur le flanc gauche, son train de derrière en travers sur mes jambes; le lion mourait!!... Il était temps.... Je lâchai la crinière et empoignant derrière moi une touffe de diss, je me relevai par un suprème effort, j'enjambai l'animal et je remontai lestement la pente jusqu'à la place où il m'avait pris. Là, je ressentis aussitôt la douleur de mon bras que j'essayai de faire mouvoir; les doigts et le bras remuaient bien. Je vis avec bonheur que je n'avais rien de brisé, le bras seulement était horriblement mordu.

Un coup de feu, tardif et inutile secours, me fit en ce moment tourner la tête. Je reconnus le capitaine qui venait de tirer.

17.

Le lion se souleva faiblement, grinça des dents et retomba lourdement sur le sol ; il était mort.

Le drame était fini.

Cette horrible lutte avait duré deux ou trois minutes environ.

Le capitaine ne tarda pas à me rejoindre. « Capitaine, lui dis-je, *vous êtes venu à mon secours, mais un peu tard.* » A quoi il répondit : « *Mon cher, d'abord je vous ai cru perdu, ensuite je craignais que mes balles vous fussent aussi funestes qu'au lion.* »

En ce moment, vaincu par l'émotion, la douleur et la fatigue, je tombai sans connaissance ; mes blessures saignaient en abondance et la perte de mon sang m'affaiblissait de plus en plus.

En vain le capitaine appelait les Arabes à mon secours, ceux-ci semblaient ne pas comprendre, ou, s'ils comprenaient, cloués sur place par la frayeur, ils se gardèrent bien de venir. Saisi d'indignation, le capitaine s'élança de leur côté : « Capitaine, lui criai-je, ne m'abandonnez pas, je vous en prie. »

Il me releva et me tint assis, tentant de me faire prendre un peu d'eau ; je parvins à me mouiller la figure, et, un peu rafraîchi, je me levai d'un mouvement furieux, en lui disant : « Partons vite. »

Soutenu par la fièvre et mon énergie qui ne m'avait pas abandonné, je trouvai, je ne sais comment, la force de gravir, avec l'aide du capitaine, la montagne dont la pente n'est pourtant pas moindre de quarante-cinq degrés, pour arriver jusqu'au chemin où étaient nos chevaux, reconnaissant, malgré mes douleurs, tous les endroits où le lion avait passé.

On me hissa sur mon cheval et, conduit par un Arabe, j'arrivai à notre tente brisé et presque sans connaissance, tandis que le capitaine, parti à franc étrier, expédiait son chasseur à Batna, pour chercher une voiture, un médecin, et pour prévenir le Bureau Arabe.

A la nouvelle de mon accident, le Bureau Arabe expédia deux spahis et, peu de temps après, M. Bertrand arrivait avec une voiture ; ma femme l'accompagnait. Ils passèrent en chemin près de la tribu du cheick El-Umbark, qui, voyant ma femme tout en pleurs, lui demanda le sujet de ses larmes ; aussitôt ce chef monta à cheval, suivi d'un Arabe, et m'amena deux mulets.

Il était alors une heure, et depuis sept heures du matin j'endurais d'atroces souffrances que le capitaine s'efforçait d'atténuer en arrosant mes blessures sans relâche avec de l'eau fraîche pour arrêter l'inflammation et l'enflure. Le bon capitaine déchira jusqu'à sa chemise et son caleçon pour bander mes plaies; je n'oublierai de ma vie ses soins et son dévouement.

Cependant, les Arabes de la tribu refusaient obstinément leur concours, soit pour me secourir, soit pour aller reprendre mes effets et mes armes restés sur le théâtre de la lutte. Le capitaine priait ou menaçait, tout était inutile. Le cheik El-Umbark arriva fort à propos pendant la discussion et termina le différend en un clin d'œil. Il fondit à coups de bâton sur les récalcitrants (seul moyen d'arranger les choses), et les rendit en un instant aussi souples que compatissants. Des Arabes partirent avec deux mulets pour aller ramasser le lion, nos effets et nos armes.

Pendant ce temps, une tellys avait été remplie de paille et disposée sur un mulet; on m'y plaça et nous partîmes. Deux Arabes me soutenaient de chaque côté, tandis que les autres, qui étaient revenus, me suivaient avec le lion. Nous fûmes bientôt au pied de la montagne où m'attendait la voiture et où je trouvai ma femme qui se jeta dans mes bras en sanglotant; il me fallut trouver encore la force de maîtriser mes douleurs, pour ne pas lui causer trop d'inquiétudes.

Nous arrivâmes enfin à Batna, à huit heures du soir, après trois heures d'une route dont les cahots de la voiture et les ornières d'un chemin à peine tracé firent pour moi une véritable torture.

J'entrai alors, malgré ma femme, à l'hôpital de Batna Lorsque le docteur Renard, qui m'y reçut, eut sondé mes blessures, il désespéra de me sauver; pendant huit jours il me considéra comme perdu; me voici pourtant encore plein de vie et bien portant. Mais que de remercîments je dois à l'excellent docteur, quelle reconnaissance je lui ai conservée pour les soins assidus et intelligents que m'a prodigués sa profonde science! On est encore bien heureux dans le malheur, quand on rencontre tant de talent joint à un si noble cœur.

Trente jours après l'événement, je faisais ma première promenade dans la cour de l'hôpital ; le trente-sixième jour je rentrais chez moi, sinon tout à fait guéri, du moins en pleine convalescence.

XVIII

UN LION QUI N'A PAS VOULU JEUNER LE VENDREDI SAINT

Depuis l'accident qui avait failli me coûter la vie, je n'avais pu reprendre le cours de mes chasses favorites, retenu que j'étais à Batna par des affaires de famille. Ce ne fut que dans la seconde quinzaine de février que je pus me remettre en campagne : encore n'étais-je pas complétement rétabli ; mais j'avais à cœur de prendre une revanche. Malheureusement le temps était défavorable, et, cette première fois, je revins bredouille. Si je ne pus parvenir à joindre l'ennemi, ce ne fut pas, du moins, faute d'avoir entendu ses rugissements dans tous les parages que j'explorai.

A peine rentré à Batna, je dus partir pour Constantine, où m'appelaient mes affaires. Ce fut dans cette dernière ville que j'eus l'honneur d'entrer en relations avec le capitaine Aubert, du 3ᵉ chasseurs d'Afrique, qui me fit cadeau d'une magnifique carabine à deux coups pour la balle explosible, arme de choix sortant des ateliers de Devisme. L'offre du capitaine Aubert fut faite avec tant de délicatesse et de courtoisie, que j'en fus pénétré de reconnaissance et que je n'hésitai pas à l'accepter. Il n'en fut pas de même du produit d'une souscription faite à mon intention parmi les habitants de Batna. La pensée était certainement parfaite, et je l'ai appréciée comme elle méritait de l'être; mais la forme ne fut pas tout à fait convenable, et je crus devoir refuser.

Enfin j'avais repris mes forces, j'étais armé comme je ne l'avais jamais été, et je rentrais en lice plein de confiance et d'ardeur.

Le 20 mars, j'étais sur les bords de l'Oued-Bel-Achaïr, à trois lieues au sud-est de Lambesse. Le temps était superbe : un léger vent du nord-ouest tempérait l'ardeur du soleil; la lune, dans son premier

quartier, brillait d'un éclat radieux et tel qu'on ne
le voit guère que dans ces climats privilégiés. Parfaitement renseigné sur les contrées que fréquentait le
lion, j'entrai en campagne sous les meilleurs auspices.

Le 21, au matin, je fouillai soigneusement les
repaires de Bel-Achaïr et de Borzoli. J'y découvris,
dans les sentiers qui sillonnent le versant sud-est de
la montagne, des traces de fraîche date. Le lion
trouve un refuge assuré dans les couverts impéné-
trables de cette contrée, qui le dérobent et favo-
risent ses larcins journaliers ; car, en dépit de sa
force, le roi des animaux ne dédaigne pas les mesures
de prudence. Je me trouvais là au milieu de mes
anciennes connaissances, après quatre mois de repos
forcé qui m'avaient paru bien longs.

Je m'installai immédiatement, le même soir, dans
une broussaille de chêne vert, sur le bord d'une
clairière que la fréquence des traces désignait comme
le rendez-vous habituel des lions.

La première nuit fut silencieuse ; seulement, vers
quatre heures du matin, une lionne qui gagnait son
repaire fit entendre quelques coups de voix.

18

La deuxième nuit, celle du 22, je repris le même poste d'observation. Bientôt mon attention fut attirée par les signes visibles de frayeur et par les tremblements nerveux du cheval qui me servait d'appât ; c'était pour moi les indices certains d'un danger imminent. Tout à coup un double rugissement éclata comme le tonnerre et remplit tout les échos.

Je jugeai par l'oreille que les visiteurs descendaient du versant qui me faisait face et suivaient un sentier aboutissant à la clairière où j'étais posté ; mais bientôt de nouveaux rugissements m'apprirent que les animaux avaient changé de direction et parcouraient un autre sentier qui longe le bas de la montagne.

Mon parti fut pris sur-le-champ ; je quittai mon affût, et, secondé par la clarté brillante de la lune, je m'avançai avec précaution à la rencontre des lions qui me guidaient par leurs voix et que j'espérais devancer. Soudain un dernier rugissement me fit arrêter court. Je craignais d'avoir été aperçu, et j'allais tenter de regagner mon poste, quand un soufflement étouffé m'indiqua la présence d'un lion, au plus à cent pas de moi. Changer de place eût été folie ;

je me masquai derrière une broussaille, j'épaulai ma carabine, et j'attendis.

A ce moment trois ou quatre coups de feu résonnèrent dans le fond du ravin, où une tribu était campée. C'en était fait de ma chasse, et je maudis de bon cœur ce contre-temps, qui m'enlevait la victoire au moment où je me croyais sûr de la tenir.

J'explorai le lendemain le versant sud-ouest. Les empreintes toutes fraîches que je suivis me conduisirent à la vallée de Tisphrin, et m'apprirent que les coups de feu de la nuit avaient refoulé les lions vers El-Aïoun; je changeai mes batteries en conséquence, et je vins camper sur le chemin d'El-K'çour à Lambesse, près de la fontaine de Zenou'n.

Les Arabes que je trouvai là me dirent que depuis assez longtemps le Saïd ne leur avait pas fait l'honneur de ses visites; et qu'ils espéraient bien qu'il leur laisserait finir en paix le rhamadam. L'assertion était parfaitement exacte, mais elle ne me fit en rien modifier mes plans. Mon inspiration m'avait bien servi, car, à peine étais-je à mon embuscade, à huit heures du soir, que deux lions vinrent rôder autour

de mon cheval ; je ne sais ce qui leur inspira des
soupçons, mais ils se rabattirent presque aussitôt sur
une tribu voisine. J'aurais cru volontiers qu'ils s'é-
taient retirés par respect pour le Coran et pour observer le carême, si je n'eusse appris le lendemain
qu'ils avaient fait curée de deux des plus beaux moutons du troupeau.

Je passai encore deux nuits dans cet affût, et
toujours avec le même insuccès. Le 28, désespérant
de joindre les animaux qui avaient disparu, je me
lançai à leur poursuite. Guidé par les empreintes,
j'arrivai, vers onze heures du matin, sur une éminence couverte d'un épais taillis. Quel fut mon étonnement à la vue subite de deux magnifiques lionnes
et de trois lions, dont l'un était monstrueux. Ce dernier suivait pas à pas l'une des lionnes et maintenait
à distance respectueuse ses deux rivaux, qui expri-
maient leur rage impuissante par des cris sourds et
répétés.

L'heureux sultan ondulait par mouvements rapides
autour de sa favorite et semblait jouir orgueilleuse-
ment de sa conquête.

J'en étais à me demander si je devais interrompre
la fête, quand, tout en cherchant à tourner le couple
amoureux pour m'en approcher davantage, je fus
pris d'une nouvelle et plus profonde surprise, en reconnaissant un peu plus loin quatre autres lions de
deux à trois ans qui, peu confiants dans leurs forces,
se tenaient à distance des lionnes, dont ils n'osaient
approcher. J'eus la chance heureuse de pouvoir contempler ce tableau pendant quelques minutes; puis,
jugeant qu'il y aurait folie à chercher querelle à ces
neuf animaux réunis, je laissai la terrible bande s'é-
loigner sous bois et j'opérai prudemment ma retraite.

Le lendemain 29, Vendredi-Saint, je vins, à la chute
du jour, me poster à une centaine de pas de l'endroit
où j'avais vu les lions la veille. Le temps devint subi-
tement brumeux et il tomba quelques giboulées, qui
me firent bien augurer de la nuit; car c'est surtout
par ces sombres nuits de tempête que le lion s'abat
de préférence sur les tribus auxquelles le fracas des
éléments déchaînés dissimule son approche.

J'étais caché dans un genévrier. La neige tombait
abondamment et obscurcissait le ciel de telle manière

18.

que c'était à peine si je distinguais mon cheval. Il
venait de s'élever, en outre, un vent du nord assez
violent qui chassait la neige par rafales, et commençait à rendre ma faction fort désagréable ; cependant,
à huit heures, les éléments s'apaisèrent, quoique la
neige continuât à tomber ; le ciel s'éclairait à l'occi-
dent, et le scintillement des étoiles qui se réfléchis-
sait sur la neige donnait assez de clarté pour que
je pusse maintenant distinguer les objets autour de
moi. Mon cheval était immobile et ne donnait pas le
plus léger signe d'inquiétude.

Vers huit heures et demie, deux lions débouchent
sur la clairière ; ils examinent mon cheval pendant
cinq minutes ; puis, par une manœuvre habituelle à
ceux de leur espèce, ils tentent de le faire fuir vers
leur repaire ; mais la pauvre bête était solidement
attachée à un piquet et cherchait en vain à se dégager. J'avais bien le désir de prévenir la scène que je
prévoyais ; mais un des lions y mit tant d'impétuosité, que cela ne me fut pas possible. Il bondit comme
la foudre sur le cheval et l'étrangla d'un seul coup de
mâchoire.

Une fois l'animal abattu, le lion se mit en devoir de se repaître ; il s'accroupit sur le cou et commença à sucer le sang.

Le moment était opportun, car le lion me faisait face ; je l'ajustai, et je lui adressai la balle à pointe d'acier dont j'avais chargé l'un des canons de ma carabine. Le lion atteint fit deux ou trois bonds en tournant frénétiquement dans la clairière, puis vint se heurter lourdement contre un gros chêne, au pied duquel il s'abattit. Le premier moment passé, il se releva furieux et prit sa course vers le taillis, écartant ou renversant tout sur son passage, et poussant des cris rauques et étranglés par la douleur.

Je l'entendis retomber à cent cinquante pas plus loin et se rouler ; pendant quelques minutes il continua à pousser des cris, puis tout rentra dans le silence : il était mort.

Le reste de la nuit s'écoula sans incident ; l'autre lion avait disparu.

Le lendemain, 50 mars, je me mis en quête de l'animal, que je suivis facilement aux traces de sang et aux branches cassées. Il était bien à l'endroit où je l'avais entendu se plaindre, couché sur le flanc, le nez enterré ; une de ses pattes était sur sa tête ; c'était une bête magnifique, et sa position semblait révéler encore sa lutte contre la mort.

Le projectile était entré en plein poitrail, avait broyé le cœur au passage et était allé ressortir à la dernière côte. A l'inspection de ces ravages, je pus reconnaître la puissance de pénétration de ma carabine, et je pus déjà me rendre presque compte de l'effet qu'aurait produit la balle explosible dont j'avais eu un moment l'idée de me servir à cette occasion, mais que j'avais réservée dans la pensée qu'elle m'était trop précieuse pour la prodiguer. Je me promis bien d'en faire l'expérience la prochaine fois.

Si j'avais eu cette carabine le 1er octobre, j'aurais terminé la lutte du premier coup, ou du moins elle n'eût pas eu pour moi d'aussi terribles conséquences.

XIX

MA PREMIÈRE BALLE EXPLOSIBLE

La saison d'été s'avançait à grands pas ; je pensais pouvoir la passer tout entière dans le repos que commande le climat ; mais les lions en décidèrent autrement ; ils avaient profité trop bien de l'armistice que je leur avais accordé.

Le 24 juin 1861, des Arabes de Chemora vinrent me prier instamment d'aller à leur secours. Les lions étaient descendus en grand nombre et avaient établi leurs demeures dans d'épais fourrés de tamarins [1], d'où ils sortaient journellement pour ravager les troupeaux. Je partis donc immédiatement de Batna, par une chaleur de 46 degrés et un vent de sirocco qui me rendirent la route très-pénible. Je suivis le versant nord du Bou-Arif, qui borde la plaine d'El-Mader, et j'arrivai enfin, à sept heures et demie du soir, au moulin de Chemora, harassé et le corps en feu ; naturellement je consacrai cette première nuit à un repos dont j'avais un impérieux besoin.

Entre la pointe est du Bou-Arif et le Djemel-Touara, se déroule, du nord au sud, une vaste plaine sillonnée dans toute sa longueur par l'Oued-Chemora, rivière aux bords escarpés, au cours sinueux, qui prend sa source dans l'Aurès et commence seulement à se rendre utile à l'endroit où elle fait mouvoir un moulin, avant de se perdre dans le lac de D'gendly.

L'Oued-Chemora charrie, dans tout son parcours,

---

[1] On devrait dire *tamarix*; mais l'usage a prévalu en Algérie, et je n'ai pas pensé qu'il y fallût rien changer.

(Commandant P. GARNIER.)

une prodigieuse quantité de détritus animaux et végétaux, qui donne à la plaine qu'elle arrose une étonnante fertilité. Le tamarin, arbrisseau touffu, y croît naturellement avec une vigueur luxuriante et, .chaque année, depuis l'occupation romaine, empiète sur la culture peu intelligente des Arabes. Ces arbustes ont formé peu à peu, en cet endroit, un fourré impénétrable qui ne couvre pas moins de huit kilomètres carrés de terrain. Ce fut dans ces fourrés que, le lendemain 25, je commençai mes recherches, l'expérience m'ayant démontré que, par les grandes chaleurs, les lions en font leur repaire favori qu'ils n'abandonnent, pour regagner la montagne, que lorsque le temps devient pluvieux ; ils y trouvent d'ailleurs un abri sûr où personne ne songe à les troubler.

Je ne tardai pas à reconnaître des traces de moyenne grandeur, accompagnées d'autres plus petites, que je n'hésitai pas à attribuer à deux lionnes suivies de lionceaux âgés d'un an environ. Ces traces étaient toutes fraîches ; il ne s'agissait que d'en tirer parti. Le caïd me fournit un mulet : j'avais moi-même amené déjà un cheval.

J'attachai solidement le mulet au milieu d'une assez grande clairière, à l'est des tamarins, et le cheval près d'une touffe épaisse destinée à mon affût, à trois cents mètres environ de la rivière, sur la rive gauche et à l'ouest.

A six heures du soir, j'étais caché, et j'entendais déjà deux lions rugir, à un kilomètre, dans la direction de deux douars voisins. Bientôt retentirent les cris tumultueux des Arabes, dominés par les voix perçantes des femmes et les aboiements des chiens. Accueilli par cet affreux vacarme, le couple redouté fit retraite et le silence se rétablit.

Vers neuf heures du soir, des rugissements terribles éclatèrent tout à coup en grand nombre et toujours croissants, prenant la direction de l'est. Une demi-heure après, des ronflements étouffés ne me laissèrent plus de doute, et les gémissements du pauvre mulet que les lions avaient découvert, parvinrent distinctement jusqu'à moi. Un tapage infernal, qui suivit l'égorgement du mulet, m'apprit que les lions étaient en nombreuse compagnie ; je dus craindre un moment que l'appât fût dévoré jusqu'aux moindres débris, et qu'il n'en restât rien pour rappeler les lions, la nuit siuvante, à leur festin de la veille.

J'étais fort tenté d'aller au devant de mes adversaires ; la lune, qui était dans son plein, et le ciel d'une parfaite sérénité, eussent été pour moi de puissants auxiliaires ; mais la route pour arriver jusqu'au carnage était semée à chaque pas de difficultés si considérables, que je jugeai plus sage de rester à mon poste. Le lendemain, 26, dès le point du jour, je me rendis près des restes du mulet, que je trouvai aux trois quarts dévoré ; de là je rentrai au moulin de M. Righi, pour y passer la journée, et je revins le soir m'installer dans une forte touffe de tamarins, à sept pas seulement des restes du mulet.

Un calme profond, pas la moindre brise, l'atmosphère chargée des émanations torrides d'une journée de feu, des nuées de moustiques bourdonnant à mes oreilles et lardant toutes les parties découvertes de mon corps de leurs piqûres aiguës, tels étaient les indices certains et peu réjouissants de l'orage qui se préparait et allait fondre sur moi. Bientôt, en effet, l'horizon se rembrunit sur le sommet du Djebel-Toum-

19

heite, près du Medracen, un nuage gigantesque s'en détacha, courant rapidement à l'encontre d'un autre nuage formidable, grandi du côté opposé. A huit heures précises, une détonation qui fit trembler la terre, annonça le choc des deux géants et fut le signal de la tempête qui se déchaîna sur les Achesch en torrents de pluie et de grêle. Les nuages, chassés par le vent, fuyaient comme des chevaux de course vers le haut de la rivière, et menaçaient, en crevant, de la faire gonfler au point de déterminer quelqu'une de ces brusques inondations si redoutables.

En 1859, je m'étais trouvé déjà pris par un pareil orage, enveloppé par une inondation subite, et j'avais failli être entraîné par les courants; je n'ignorais donc pas le danger qui me menaçait. Néanmoins, je restai immobile dans mon gîte, occupé surtout à garantir mes armes du contact de l'eau. Heureusement, ces terribles orages ne sont pas en général d'une bien longue durée; à neuf heures et demie, la tempête s'était éteinte, les nuages étaient dispersés, et la lune montrait de nouveau son disque lumineux. A dix heures un quart, j'entendais des rugissements à intervalles inégaux dans les tamarins, puis d'autres qui me parurent venir de la pointe nord-ouest du Djebel-Touara. Trois quarts d'heure plus tard, je pouvais m'assurer que les lions n'étaient plus qu'à un kilomètre de mon embuscade, et qu'ils s'en approchaient de plus en plus, rugissant à pleins poumons.

Qu'on imagine l'affreux supplice auquel j'étais exposé depuis plus de trois heures déjà, obligé de conserver la plus scrupuleuse immobilité, au milieu de ce nuage de moustiques qui m'assaillaient sans relâche et multipliaient leurs insupportables piqûres, et on comprendra facilement avec quelle impatience j'attendais l'arrivée de ceux à l'intention desquels je prolongeais une faction aussi pénible.

Enfin, vers minuit, deux lionnes se montrèrent et vinrent rôder autour de mon embuscade, mais avec toute la circonspection possible, s'assurant prudemment, — le lion, si affamé qu'il soit, néglige rarement les mesures de prudence, — que rien de suspect ne menaçait de les troubler dans leur repas. Bien que la lune fût à ce moment même voilée par un léger nuage, je distinguai cependant une masse sombre et presque informe qui avançait en rampant près des restes du mulet, où elle ne tarda pas à satisfaire son appétit.

Le nuage qui tout à l'heure couvrait la lune avait couru, et la lumière de l'astre dans tout son éclat me montra tout d'un coup une superbe lionne de race croisée, fauve et noire, accroupie sur les restes du mulet. Je pus choisir tout à mon aise la place où je voulais frapper, ajuster la bête dans le flanc droit qu'elle me découvrait, et serrer la détente.

La lionne blessée fit quelques bonds et alla tomber à cinquante pas. Là, elle poussa un cri prolongé, se redressa luttant quelques instants contre la mort, puis retomba, pour ne plus se relever, en poussant un long soupir d'agonie. Entre ce dernier soupir et mon coup de feu il s'était à peine écoulé un espace de vingt minutes, la balle explosible l'avait comme foudroyée.

Espérant une seconde victoire, je rechargeai mon arme et je restai en faction pendant tout le reste de la nuit, quoique bien incommodé par les miasmes putrides qu'après chaque pluie exhalent les débris de toutes sortes que les eaux entraînent et dispersent sur la plaine. Je n'eus d'autre surprise que celle occasionnée par le frôlement d'une couleuvre qui vint passer sur mes genoux, surprise qui me fit éprouver une sensation des plus désagréables; car j'ai pour les reptiles une répulsion que beaucoup de gens éprouvent comme moi.

Le 27, dès sept heures du matin, les Arabes accoururent en foule pour connaître le résultat de mon coup de feu qu'ils avaient entendu. Je leur défendis formellement d'aller plus loin, leur donnant l'ordre de m'attendre dans la prairie; leur impatience éclatait en cris bruyants.

Alors je m'engageai sur la piste de la lionne. Des rougeurs fréquentes, la terre foulée par ses chutes successives, me guidèrent dans mes recherches qui furent faciles et de courte durée. Je trouvai ma lionne couchée sur le flanc gauche et complétement inerte; elle avait la gueule remplie d'herbes souillées d'écume et de sang. J'appelai les Arabes qui, en un instant, furent auprès de moi et commencèrent aussitôt, suivant leur coutume, à gambader autour du cadavre, le

19.

frappant et lui adressant des injures jusqu'à épuisement de leur dictionnaire d'insultes.

Le Caïd m'envoya un tombereau sur lequel je chargeai la lionne que je ramenai au Bordj où il m'attendait avec M. Righi et où il m'offrit l'absinthe. La façon remarquable dont le brave Caïd nous tint tête, dut me donner à croire que la liqueur helvétique avait été classée par Mahomet au nombre de ses sorbets préférés.

J'envoyai enfin ma victime à Batna, avec prière à M. Barthelet, vétérinaire au 3ᵉ spahis, d'en faire l'autopsie et de constater scientifiquement les ravages causés à l'intérieur par la balle explosible que je venais d'employer pour la première fois. M. Barthelet se prêta à mon désir avec la plus grande obligeance et dressa le procès-verbal d'autopsie dont la teneur est relatée ci-après :

PROCÈS-VERBAL D'AUTOPSIE.

« Mon cher Monsieur Chassaing,

« A votre demande, j'ai procédé ce matin à l'autopsie d'une forte lionne que vous venez de tuer à l'aide de la balle explosible Devisme; je viens vous donner quelques détails sur les lésions que j'ai constatées.

« La balle a frappé vers le tiers postérieur de la cavité thoracique du côté droit et dans le milieu de la hauteur du thorax, où elle a fait à la peau une ouverture parfaitement nette et circulaire de la dimension d'une pièce de deux francs ; de là, elle est tombée sur la huitième côte qu'elle a fracturée juste dans le milieu. La fracture est nette et pareille à celle que ferait une balle ordinaire.

« La balle est arrivée dans la cavité thoracique, au niveau de la séparation des deux lobes des poumons. C'est entre ces deux parties que l'explosion a eu lieu, ainsi que le constatent les ravages que l'on y remarque. Ainsi, le médiatin est totalement détruit, et les deux lobes pulmonaires, depuis leur bifurcation jusqu'à trois centimètres de leur terminaison, dans une étendue périsphérique pouvant mesurer un diamètre d'environ sept à huit centimètres, sont comme hachés et moulus ; en un mot, la désorganisation est complète, et les détritus, de couleur noirâtre, ne laissent aucune trace des divisions bronchiques.

« On trouve au centre de ce désordre plusieurs fragments de la rayure en plomb que portait le projectile ; sur la plèvre costale du côté gauche, on rencontre également des débris de la balle, quelques-uns traversant les intercostaux, d'autres s'arrêtant sur les septième et huitième côtes.

« Sur cette paroi existent quatre ouvertures. Une, la plus grande, montre la neuvième côte brisée et a dû être faite par le culot de balle que je n'ai pas retrouvé dans le cadavre ; une autre ouverture se trouve sur l'intercostal, à deux centimètres en avant de celle qui précède ; cette ouverture a dû être faite par le percuteur que je n'ai pas retrouvé non plus.

« Tout près de ces deux ouvertures on en retrouve deux autres qui ont donné passage, l'une au culot de la balle, l'autre à un éclat du réservoir ; ces deux fragments, n'ayant pu traverser les muscles peaussiers et la peau, sont venus se loger dans le tissu cellulaire, à trois ou quatre centimètres en arrière des ouvertures qu'ils ont faites à la paroi costale.

« Le cœur n'a pas été atteint, la balle a frappé plus

en arrière. Le diaphragme est intact ; aucun éclat n'a pénétré dans la cavité abdominale où je n'ai remarqué que l'état de plénitude de la matrice qui renfermait deux fœtus, l'un mâle et l'autre femelle. Leur développement, le poil naissant qui les couvre, me portent à croire qu'ils n'étaient éloignés que d'une quinzaine de leur mise bas.

« Je crois, mon cher Chassaing, que vous pouvez attribuer votre succès à la balle explosible ; une balle ordinaire aurait traversé le poumon nettement dans son milieu, ce qui n'aurait peut-être pas empêché la pauvre bête de voir grandir sa progéniture.

« Je vous salue amicalement et je vous souhaite la rencontre de beaucoup de lions avec votre carabine ainsi chargée.

« Signé : BARTHELET, 3ᵉ Spahis. »

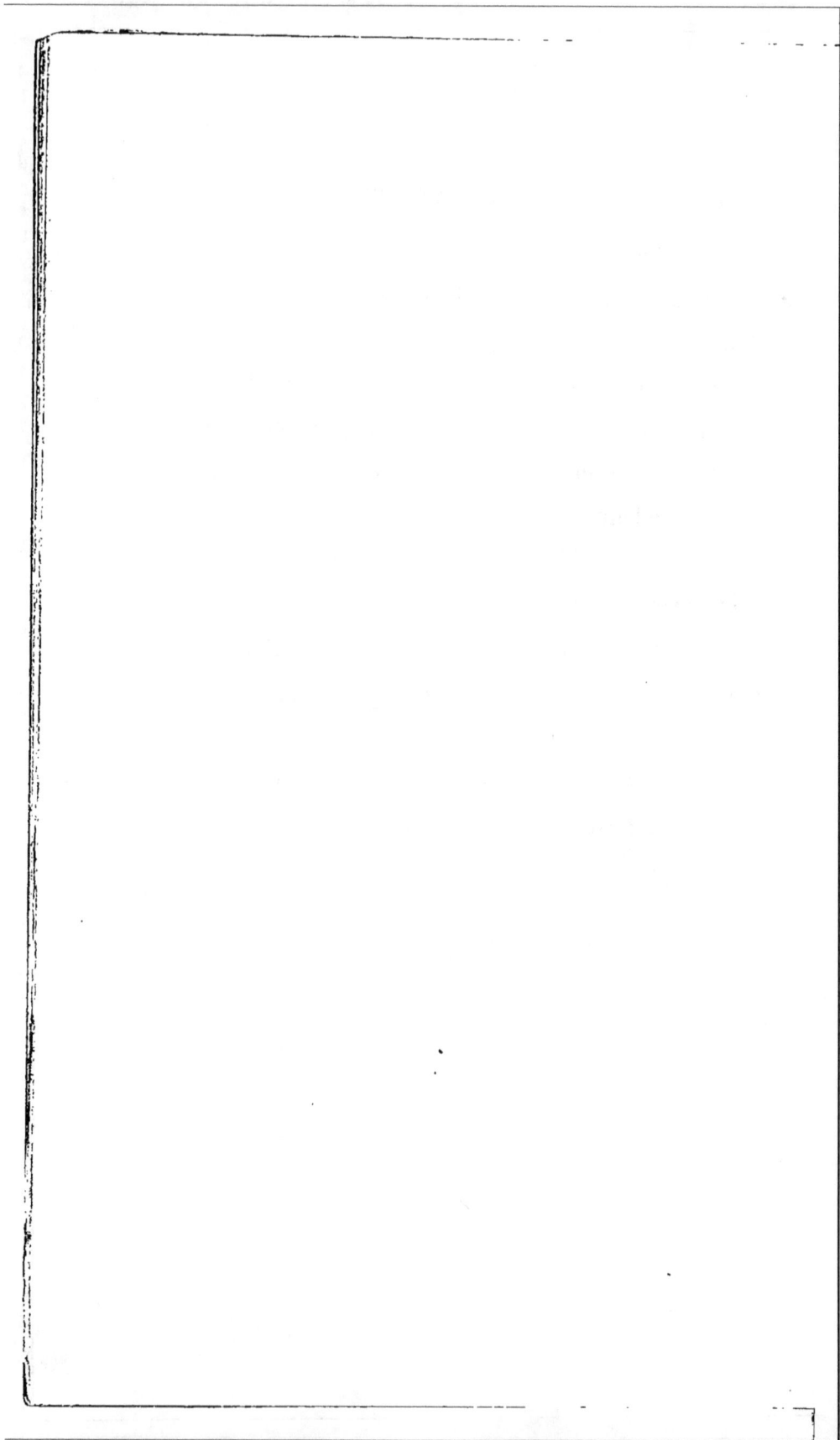

XX

MA DEUXIÈME BALLE EXPLOSIBLE

Après un voyage de quatre mois en France, je rentrais à Batna le 18 novembre 1861. J'étais à peine de retour, que déjà je recevais les visites empressées d'Arabes de plusieurs contrées, qui venaient, selon l'usage, me prier de les débarrasser des lions qui les rançonnaient sans merci. Si pressantes que fussent leurs sollicitations, je me réservai quatre jours pour mes visites et me reposer, après lesquels je fis mes préparatifs et je repartis pour une nouvelle excursion dans l'Aurès; malheureusement l'époque était peu convenable; la lune, alors sur son déclin, me favorisait peu ; le temps trop sec avait durci le sol et empêchait tout revoir ; bien que j'entendisse presque chaque nuit le rugissement des lions, je me vis forcé de rentrer à Batna sans avoir rien fait.

Le 11 décembre, je me remis en route, par une pluie battante, pour le Borzoli, situé à environ neuf kilomètres sud-est de Lambesse ; la lune était alors dans son premier quartier. Vers quatre heures du soir, j'arrivai près d'un douar ; la pluie continuant à tomber à torrents et le temps me manquant d'ailleurs pour une installation immédiate, je fus forcé de coucher sous la tente ; mais j'entendis toute la nuit le rugissement du lion et je me réjouis d'entrevoir une occasion aussi propice.

Le lendemain matin je battis les chemins et les sentiers qui sillonnent le versant nord du Borzoli ; j'y rencontrai des traces de bon temps en grand nombre, qui me firent espérer une réussite prochaine. Le soir même je me mis à l'affût dans une broussaille de chênes verts où j'attendis, après avoir attaché le cheval à un bon piquet, à six ou sept pas de mon embuscade ; mais la nuit entière se passa sans incident ; je n'entendis rien, sauf le glapissement des chacals et les cris d'une énorme hyène qui vint prendre part au concert.

Je repris ma quête le 13, au point du jour, visitant tous les passages que je n'avais pas encore reconnus ; je fouillai tous les repaires du Borzoli et de Blacher, sans rencontrer la moindre trace. Au point culminant de la montagne, je tombai sur les traces d'une lionne qui suivait les crêtes et qui me conduisit aux repaires de Borzola, à trois kilomètres ouest de Lambesse.

Je continuai ma marche de ce côté, en me dirigeant vers la fontaine. A deux cents mètres environ de cette fontaine se trouvait le campement d'une tribu. Les Arabes, me voyant venir, se portèrent au-devant de moi pour me faire le salut d'usage. Ils s'assirent en rond autour de moi et se mirent à me raconter qu'ils étaient journellement victimes de déprédations du lion ; il était alors trois heures de l'après-midi.

Au même moment arrivèrent deux femmes tout en pleurs, portant la peau de l'un de leurs bœufs, que

20

le lion avait abattu aux champs et à moitié dévoré
en plein jour. Je me fis conduire immédiatement au
carnage, et je reconnus facilement les traces de la
bête à la poursuite de laquelle j'étais engagé. Je cal-
culai la quantité de nourriture qu'elle avait prise, et
j'en conclus que, parfaitement repue, elle ne reviendrait que quand la digestion serait faite.

Je retournai au Borzoli pour y reprendre mon atti-
rail de chasse, et je revins à Borzola, où je m'installai
dans un carrefour, derrière une touffe de chênes
verts. La lune était radieuse cette nuit-là, mais le
temps était vif : le vent soufflait violemment du nord-
ouest. Vers minuit il s'apaisa pour faire place à
une gelée assez intense; à sept heures du matin,
mon thermomètre marquait deux degrés au-dessous
de zéro ; rien de nouveau, d'ailleurs, pendant cette
première nuit.

La nuit du 14 au 15, je me munis de deux appâts
vivants, un mulet et un cheval. J'attachai le mulet
auprès d'une petite fontaine située sur le chemin de
Lambesse, à cinq cents pas environ de la grande fontaine du plateau; le cheval, à la même place que la

veille. A cinq heures et demie j'étais à mon poste ; à six heures et demie j'entendais des grognements sourds et répétés, venant du côté du grand fourré. A huit heures, je vis passer comme une ombre à la lisière du bois qui borde le plateau du carrefour, à environ soixante mètres de mon poste. Je ne pus cependant rien distinguer : c'était un peu sous bois, et les rayons de la lune, pourtant très-belle, ne suffisaient point à éclairer à cette distance. Toute la nuit je restai en éveil, m'attendant à toute minute à voir mon cheval abattu ; mais je n'eus pas de chance, et cette deuxième nuit fut aussi infructueuse que la précédente.

Le 15 au matin, à l'aube du jour, un Arabe vint me prévenir qu'il avait entendu les cris d'un animal étranglé du côté de la petite fontaine et des grognements de lion. Je me hâtai d'aller m'assurer de la véracité de ses assertions.

Je trouvai mon mulet étranglé et à moitié dévoré ; l'examen attentif des empreintes m'apprit que j'avais encore affaire à une lionne. Après avoir abattu l'animal, elle avait coupé la corde qui le retenait, et l'avait entraîné dans un ravin sous bois. J'attachai fortement les restes à un tronc d'arbre et, à cinq heures du soir, je m'installai à dix pas de ces restes, dans une cépée de chêne vert, à laquelle j'avais réuni quelques branchages de même essence.

De légers grognements que je perçus du côté de la fontaine, à sept heures du soir, me mirent sur mes gardes. La lune argentait la cime des arbres, mais sa clarté ne pénétrait pas jusque dans le fond du ravin où gisaient les restes du mulet. Dix minutes plus tard, j'entendais distinctement un souffle aigu accompagné de pas lourds sur le sol ; une forme vague se dessinait dans le ravin et se dirigeait vers l'appât ; mais je n'y voyais pas assez pour préciser mon tir, et il fallut attendre.

Tout à coup je m'aperçois que la rusée bête a coupé la corde qui retient les restes du mulet, et qu'elle commence à les entraîner dans l'ombre du bois. Il fallait absolument prendre un parti ; j'ajustai de mon mieux et je fis feu. Je croyais frapper au défaut de l'épaule ; mais au moment même où je pressais la détente, la lionne avait fait un mouvement, et mon coup

portait à la dernière côte ; néanmoins la balle fou-
droyante, qui ne pardonne pas, avait fait explosion
dans les intestins. La lionne fit quelques bonds, puis
se traîna, tombant et se relevant, à une distance d'environ cent mètres, où elle fut étouffée par la coagula-
tion du sang. Le surplus de la nuit s'écoula dans le
silence.

Le lendemain, les Arabes, qui avaient entendu
mon coup de feu, arrivaient dès le point du jour, ac-
compagnés de chiens ; quelques-uns d'entre eux ma-
nifestèrent le désir de m'aider à retrouver ma lionne ;
j'y consentis. Aux premiers bonds, elle avait laissé
quelques gouttes de sang ; un peu plus loin, les bonds
diminuaient, mais les rougeurs devenaient plus fréquentes.

Un Arabe, plus hardi que les autres, allait pieds
nus et marchait en avant sous bois, accompagné des
chiens. Tout à coup, à cent mètres environ du point
de départ, les chiens rebroussent chemin à toutes
jambes, aboyant, se retournant de temps à autre, le
poil hérissé. En un clin d'œil les Arabes suivirent le
mouvement de retraite de leurs chiens ; j'eus beau

les appeler, ils filaient à qui mieux mieux, retournant au douar ; je me trouvai absolument seul.

L'attitude des chiens me donnait à penser ; la lionne semblait ne pas devoir être morte ; le danger pouvait être sérieux. J'avançai dans le fourré avec les plus grandes précautions tout en suivant les traces, marchant sur les genoux et sur les mains, prêt à parer à tout événement ; la broussaille était si épaisse, que je distinguais à peine à deux mètres de moi. J'arrivai ainsi près d'une forte touffe de chêne vert entremêlée de genêts ; à cette place les traces de sang étaient considérables. Je pris une pierre que je lançai au milieu du fourré ; rien ne bougea. Rassuré par ce calme, j'avançai avec confiance de cinq à six pas et j'aperçus ma bête couchée sur le flanc ; je lui lançai une pierre qui rebondit sur le ventre ; la lionne ne donnait plus signe de vie ; je pris ma corne et je sonnai l'hallali.

Les Arabes comprirent et revinrent en courant, tandis que je m'occupais déjà à suivre par l'autopsie les ravages causés par le projectile. Avec une balle ordinaire, je n'aurais certainement pas tué cette lionne; elle n'eût été que grièvement blessée et je me serais trouvé une fois encore, en allant à sa recherche, exposé au danger auquel je n'avais échappé déjà que par miracle.

Grâce à la balle explosible, je comptais ma vingt-cinquième victime.

XXI

CAMPAGNE DE 1861-1862 AVEC MON AMI BOMBONNEL

Le 25 décembre 1861, je recevais à Batna la visite de ce brave tueur de panthères.

Tout en l'attendant et en préparant le terrain, j'avais tué une belle lionne; j'avais vu aussi plusieurs fois un grand lion et je connaissais très-bien son repaire; mais je m'étais bien gardé de l'inquiéter, le conservant précieusement comme une surprise que je voulais faire à Bombonnel pour son coup d'essai sur la gent léonine.

Le 28 décembre, un Arabe vient me prévenir qu'une lionne avait étranglé une vache de son douar ; trois heures après, mon ami et moi, nous arrivions à cheval près des restes qu'une demi-douzaine de chacals étaient en train de faire disparaître.

Il n'y avait guère d'espoir que la lionne, bien repue pendant les deux nuits précédentes, revînt au cadavre ; cependant nous nous installons dans un buisson à proximité, et, comme je le prévoyais, nous passons la nuit sans rien voir.

Je dirai ici, une fois pour toutes, que les Arabes ne se pressent jamais en pareille circonstance et que, grâce à leur apathie, on est presque toujours prévenu trop tard d'un carnage qu'il serait cependant bien utile de connaître le plus vite possible.

Dès le matin, nos Arabes étant venus nous apprendre qu'à environ une lieue de marche de notre affût, la lionne avait mangé un bourricot dont il ne restait que la tête et les jambes, nous tînmes pour certain que la bête ne visiterait pas de sitôt sa vache et, sans hésitation, nous rentrâmes à Batna pour y passer le jour de l'an et pour y faire nos préparatifs d'excursion, car nous avions le projet de profiter de la prochaine lune.

Nous partîmes en effet le 4 janvier avec le comte de Kératry et son ordonnance, tous les quatre à cheval, pour aller en reconnaissance dans les montagnes de l'Aurès; le temps était favorable pour les revoirs : il tombait de la neige à moitié fondue; cependant nous fîmes le bois toute la journée sans découvrir une seule trace de lion ; ce que voyant, nous nous décidâmes, le soir venu, à camper chez les Ouled-Fedallah, vallée de Belgous, à douze lieues sud de Batna, ayant bien soin d'allumer deux grands feux à notre bivouac, tant pour nous réchauffer que pour éloigner les bêtes féroces.

Vers minuit, nous eûmes la visite d'un lion : il s'était approché de nous, sans être vu ni entendu, en longeant un petit ravin sur le bord duquel était notre campement ; il arriva jusqu'à cinq mètres de nous et à trois pas au plus de mon cheval, qu'il désirait voir

fuir dans le bois, afin de l'y dévorer plus à son aise;
les feux du bivouac et les ronflements sonores des
Arabes couchés autour des brasiers empêchèrent seuls
cet effronté visiteur d'étrangler une de nos bêtes.

Nous mourions d'envie de lui faire chèrement payer
cette insolente visite; mais nous n'avions ni clair de
lune, ni appât, ni vivres; il ne nous restait dès lors
qu'à rentrer à Batna.

Nous fîmes encore dans l'Aurès plusieurs excursions
infructueuses à cause de la sécheresse qui nous empêchait de revoir des traces.

Le 27 janvier, à onze heures du matin, pendant
notre déjeuner, un Arabe tout haletant vient nous
dire que les lions avaient, la nuit précédente, étranglé
un cheval aux Casseroues, à trois lieues nord de Batna.

Une heure après nous montons à cheval, et à deux
heures, nous sommes en présence du cadavre que
nous nous empressons de traîner près d'une forte cépée de chêne vert. Bombonnel coupe de suite des
branches (de même essence) avec lesquelles je m'in-
génie à bien boucher les interstices dudit buisson,
dans lequel le soir nous devions nous poster.

Une fois l'embuscade prête, nous suivons les traces qui nous conduisent à un épais fourré; la famille léonine, composée de la mère et de deux lionceaux âgés d'environ dix-huit mois, y était évidemment rembûchée; il nous parut inutile de la déranger.

Postés, à la chute du jour, dans le buisson que nous avions disposé, nous entendons, de onze heures à minuit, de faibles rugissements à environ trois ou quatre kilomètres à l'est. Les Arabes et leurs chiens, par leur vacarme infernal, nous signalaient la direction suivie par les lions. Nous écoutions tout cela blottis dans notre cépée, immobiles et l'œil au guet, ayant bien peur de ne pas voir cette nuit nos trois carnassiers; malheureusement nos craintes se réalisèrent.

Le lendemain matin nous nous dirigeons vers le point que nous soupçonnions avoir reçu la visite de nos lions; ce douar était installé sur un plateau, à trois cents pas environ d'une fontaine nommée El-Djirma. Partis de notre embuscade et suivant un sentier frayé qui traverse de l'ouest à l'est la chaîne de montagnes et qui conduit à cette source, nous

remarquons les pas de la lionne sortant du fourré où
elle s'était rembûchée ; nous constatons qu'ils se dirigent vers la fontaine, que la lionne y a étanché sa
soif, qu'elle est montée sur le plateau et s'y est roulée à plusieurs reprises, puis que, méprisant le vacarme des hommes et des chiens, elle a eu l'audace
de franchir la haie du douar et de prendre lestement
une des plus belles brebis qu'elle a emportée à deux
cents pas pour la dévorer à son aise.

Ceci nous expliqua suffisamment pourquoi nous
n'avions pas eu l'honneur de sa visite !

Pensant être plus heureux cette fois, après avoir
exploré la montagne en tous sens, nous nous installons, à la chute du jour, dans notre buisson
de la veille ; mais, hélas ! nos animaux, trop bien
repus les deux nuits précédentes, restèrent noncha-
lamment à digérer en paix dans leur inextricable repaire.

Ayant recommencé le lendemain matin nos courses
dans la montagne, nous reconnaissons, à des traces
toutes fraîches, que nos lions n'avaient pas démé-
nagé ; je crus pouvoir alors prédire hardiment à l'ami

Bombonnel que nous aurions presque certainement leur visite dans la nuit.

Malheureusement (car ils y vinrent et achevèrent de dévorer ce qui restait du cheval), vers quatre heures du soir un cavalier, envoyé par ma femme, vint nous prévenir qu'après notre départ, Bombonnel ayant, dans la précipitation de ses apprêts, laissé sa clef à la porte de la chambre qu'il occupait chez madame X... (il avait dû louer au dehors, ma maison étant en réparation), des voleurs s'y étaient introduits, avaient brisé les serrures des malles et enlevé ce qui s'y trouvait. Il va sans dire qu'on nous recommandait de rentrer de suite à Batna.

Bombonnel, bien que fort intéressé à cette affaire, émet de suite l'avis qu'il faut d'abord aller aux lions et qu'on s'occupera ensuite des voleurs. J'étais d'avis tout contraire, et je ne parvins qu'à grand' peine à lui faire tourner la tête de son cheval du côté de la ville où nous arrivâmes au bout d'une bonne heure de marche très-précipitée.

La justice était déjà en mouvement ; on reconnut que des tricoises saisies chez madame X... avaient dû

244 CAMPAGNE DE 1861-1862 AVEC BOMBONNEL.

servir à la perpétration du vol, et cette dame fut in-
culpée : plus tard survint une ordonnance de non-
lieu et rien ne fut retrouvé.... A qui la faute? Peut-
être la justice en Algérie n'est-elle pas suffisamment
armée ou secondée, car bien des vols y échappent à
toute répression.

Ce vol eut non-seulement l'inconvénient de faire
perdre sept cents francs argent à Bombonnel (et encore, heureusement pour lui, une somme assez
ronde en billets de banque avait échappé aux filous)
et de nous faire manquer l'occasion de voir à notre
affût la lionne et ses deux lionceaux, mais encore de
nous obliger plus tard, fin février, étant mandés à ce
sujet devant le juge d'instruction de Constantine, à
abandonner, près de Guelma, la poursuite de cinq
lions.

En résumé, cette désagréable aventure nous fit
perdre près de la moitié de notre hiver, c'est-à-dire
de la seule bonne saison pour les beaux revoirs.

XXII

SUITE DE MA PREMIÈRE CAMPAGNE AVEC BOMBONNEL — MES QUATRE LIONS DE KRENCHELA

Vers les premiers jours de février, nous étions dans les montagnes de l'Aurès ; il avait un peu neigé, ce qui nous favorisait pour reconnaître et suivre les traces des lions.

Une dépêche de M. Lapaine, préfet de Constantine, vint nous y surprendre au moment où nous étions sur la piste d'un bel animal dont nous espérions bien avoir raison ; puis à cette dépêche en succéda une autre plus pressante encore qui nous engageait à nous rendre de suite, en passant par Constantine, à Guelma où les lions, me disait le préfet, faisaient subir d'énor-

mes pertes tant aux indigènes qu'aux Européens : il
était question de cent vingt-six bœufs ou vaches égorgés dans un seul mois. Impossible de résister, comme
bien vous pensez, à une pareille et aussi flatteuse invitation ; aussi, deux jours après, par un froid de
loup, nous arrivions à Constantine.

Nous dînons le soir même à la préfecture, où nous
recevons de M. et de madame Lapaine un accueil
extrêmement gracieux ; ils nous font même l'honneur de porter un toast à nos succès passés et futurs, toast accueilli avec enthousiasme par les amis
conviés à notre intention. Il va sans dire qu'il nous
fallut raconter, Bombonnel sa lutte avec la panthère
du Corso, et moi mon combat avec l'énorme lion qui
m'emporta au fond d'un ravin aussi aisément qu'un
chat le ferait d'une souris.

Tout confus de cette bienveillante et chaleureuse
ovation, nous prenons congé du préfet, qui nous re-
mercie encore de notre empressement à accourir; et,
deux jours après, en passant par des chemins in-
croyables où nos chevaux avaient de la neige jusqu'au ventre, et en traversant des ruisseaux devenus

des torrents impétueux, nous avions franchi les trente lieues qui séparent Constantine de Guelma.

Nous fûmes agréablement surpris de la douce température dont cette ville, située au pied du versant est de la Mahounah, jouit pendant l'hiver.

A peine avons-nous installé notre campement aux portes de Guelma, que nous nous rendons chez M. Lamothe, sous-préfet. Ce fonctionnaire s'empresse de nous dire que nous étions attendus avec une grande impatience et nous confirme le chiffre énorme des pertes causées par la gent léonine ; puis, il nous annonce que, dans le but d'y mettre un terme, une grande battue devait être faite par les Arabes et il nous offre courtoisement d'en prendre la direction ; mais nous, sachant combien cette chasse est dangereuse, nous ne voulons, ni l'un ni l'autre, en accepter la responsabilité et nous déclarons dès lors très-nettement notre refus à M. le sous-préfet, tout en lui disant que nous y assisterions simplement comme tireurs.

Arrivés le 16 février chez les Ouled-Azid où, d'après les indications du bureau arabe civil, devait se faire la battue en question, nous reconnaissons bien vite qu'on nous avait trompés, ne voyant là aucun fourré susceptible de servir de repaire aux lions ; mais, loin de nous décourager, nous nous mettons en quête et nous finissons par découvrir aux alentours des endroits qui nous semblent favorables.

J'installe en conséquence Bombonnel sur un plateau où se trouvait une clairière, à l'entrée même de la gorge de l'Oued-el-Maïs (dix kilomètres sud-ouest de Guelma), et je vais me poster du côté opposé sur la crête de la montagne.

Le lendemain, dès le matin, je vois le pied de la Mahounah couvert d'Arabes vociférant à qui mieux mieux et agitant leurs burnous : ils étaient près de sept cents, commandés par un caïd et par des employés du bureau civil.

Vers huit heures, un grand lion est aperçu, faisant bonne contenance, dans le fourré ; on ordonne alors aux traqueurs de fondre tête baissée dans le fort ; mais, intimidés par les sourds grondements de l'animal, ils refusent, et avec raison, d'y pénétrer, et la fameuse battue demeure sans aucun résultat.

J'oubliais de dire que, pendant la nuit précédente, je ne vis et n'entendis rien ; mais, fort heureusement, comme on va l'apprendre, Bombonnel, resté à son poste, avait été plus favorisé que moi. C'est à midi seulement que je pus le rejoindre : « Je ne sais pas « ce que vous devenez, me dit-il en m'abordant ; j'ai « déjà reçu les félicitations de tout le monde pour la « belle lionne que j'ai tuée cette nuit ; vous seul me « manquiez ! »

Je m'empressai de lui répondre que je ne savais rien et qu'il m'avait ménagé là une bien agréable surprise, et, en même temps, je lui serrai la main si cordialement que peu s'en fallut que je ne lui écrasasse les doigts.

Rentrés à Guelma avec cette superbe lionne, nous y trouvons, comme je l'ai dit plus haut, à propos du fameux vol, l'invitation judiciaire de nous présenter sans retard à Constantine ; ce qui nous contraignit à quitter immédiatement la Mahounah, le véritable jardin des lions.

Après un repos de quelques jours, nous arrivons à Krenchela le 10 mars 1862, où nous apprenons d'Européens employés à la construction d'une maison de commandement, qui, les dimanches et fêtes, allaient assez volontiers chasser dans la vallée d'Ourten, qu'ils avaient rencontré, à plusieurs reprises, une bande de cinq lions, ce qui avait pas mal refroidi leur ardeur chasseresse.

D'après leurs indications, nous campons le lendemain près de la fontaine des Ormeaux et ne tardons pas à découvrir cinq traces distinctes, qui pouvaient dater de trois à quatre jours, et n'étaient pas à plus de deux cents pas de notre campement.

A dix heures du matin, le vent du sud chassait de gros nuages à l'horizon ; vers midi, le nord-ouest le remplaçait, et nous amenait une pluie torrentielle et sans interruption pendant quatre jours et quatre nuits ; des chasseurs ordinaires eussent bien vite abandonné la partie ! mais nous, qui savions que c'était là le temps favorable, nous tenons bon, et, chaque journée, nous fouillons attentivement tous les repaires, en examinant bien les trop rares sentiers. Il va sans dire que les après-midi nous rentrions mouillés jusqu'aux os sous notre tente.

Le 12, nous nous procurons un vieux cheval d'appât ; cette bête, en passant sur un plateau, tombe,
et, malgré tous nos efforts, il nous est impossible de
la remettre sur ses jambes ; force nous est dès lors de
la laisser sur place et de revenir à notre tente pour y
passer la nuit.

Le lendemain, à la pointe du jour, la fameuse
bande des cinq lions passait, pour gagner son repaire,
sur le plateau où gisait notre pauvre quadrupède. Me
doutant qu'ils ne manqueraient pas de lui rendre
visite, je m'y rends et j'aperçois mes cinq gaillards
dépeçant l'animal d'un train tel, qu'une demi-heure
de plus, et il n'en restait pas trace. A mon apparition subite, ils me regardèrent quelques secondes
et, quittant à regret leur festin, ils rentrèrent sous
bois.

Un instant après, Bombonnel me rejoint, et nous
voilà fort en peine de trouver un moyen de nous cacher sur ce terrain nu et d'y organiser convenable-
ment notre affût pour la nuit ; enfin nous nous décidons à creuser derrière une petite haie de branches
sèches un trou d'environ soixante centimètres de pro-

fondeur, masquant notre présence de notre mieux pendant ce travail exécuté sous une pluie battante.

Le soir, vers cinq heures, nous nous glissons en silence dans notre cachette; grâce à la pluie, bien que la lune soit dans son plein, c'est à peine si nous apercevons notre appât, qui n'est cependant qu'à six mètres au plus de nous.

Nous ne voyons de toute la nuit que deux hyènes que nous mettons en fuite par de légers sifflements. C'était, on en conviendra, fort peu encourageant; mais nous ne nous rebutons pas.

La pluie ayant un peu cessé le 14, nous recomçons nos recherches; et les traces des cinq lions nous conduisent dans la vallée de Tafrinthe, à cinq lieues environ de notre embuscade. Pour le coup, on pouvait bien admettre que nous n'aurions pas leur visite cette nuit même à notre embuscade établie sur le plateau, auprès des restes du cheval à moitié dévoré la veille; aussi Bombonnel renonce-t-il à l'affût : quant à moi, poussé par je ne sais quel pressentiment, je m'y décide en disant que si les lions ne venaient pas, je tirerais les deux hyènes pour donner satisfaction à un ami auquel j'en avais promis quelques peaux.

En conséquence, dès six heures du soir, je me blottis dans ma cachette, immobile et respirant même avec précaution.

Vers huit heures, à ma grande surprise et joie, surviennent deux lions de moyenne taille ; de suite, l'idée séduisante de faire un coup double me vient à l'esprit ; mais malheureusement ces deux rusées bêtes ne font que passer et s'éloignent en flairant de tous côtés comme si elles soupçonnaient un piége.

Un instant après, arrive un lion d'assez grande taille ; le croyant seul, je lui envoie une balle explosible dans le poitrail ; il fait deux bonds et va tomber roide mort à quinze pas.

Au bout d'une demi-heure, trois lions venant très-lentement, avec de légers temps d'arrêt, et passant leur langue sur leur museau, comme s'ils croyaient déjà tenir le cheval, m'apparaissent à petite distance.

Un tireur impatient se fût hâté de faire feu ; mais moi qui suis très-calme de mon naturel et qui tenais à faire mon coup double, j'attendis fort tranquille-

22

ment que mes visiteurs se fussent attablés ; puis, saisissant le moment propice et tenant de chaque main
un fusil braqué sur un lion, je presse à la fois les
deux détentes.

Mes deux bêtes, simultanément frappées, tombent
en poussant des rugissements effroyables, se relèvent
et disparaissent sous bois ; seulement, par intervalles,
je percevais fort distinctement leurs plaintes.

A dix heures et demie, une énorme lionne traversait le plateau à vingt pas au plus de ma cachette,
m'offrant ainsi une belle occasion de lui envoyer deux
balles au défaut de l'épaule, en tirant mes deux coups
à la fois ; elle alla tomber à sept mètres et resta
morte sur place.

Le reste de la nuit se passe sans autre incident ;
par intervalles, j'entends les gémissements des deux
blessés, auxquels viennent se mêler les cris du cin-
quième lion, qui, voyant sa famille en si piteux état,
exhale sa colère en rugissements qui font trembler la
montagne ; ce vacarme assourdissant cesse enfin sur
les quatre heures du matin.

Je prends alors ma corne et donne le signal à Bombonnel, qui, plein de joie de me savoir sain et sauf, se hâte d'accourir.

Il aperçoit le lion d'abord et la lionne ensuite, et le voilà qui se met à me féliciter bien cordialement ; mais je l'arrête tout court en lui disant qu'il y avait en outre sous bois deux lions blessés. (Ce qu'il se refusait presque à croire, n'ayant entendu que trois détonations, et ignorant que deux d'entre elles avaient été doubles.)

Sans perdre de temps, nous nous mettons sur la piste, facile à suivre aux pas et aux rougeurs. A environ cent mètres, nous ramassons un os de la longueur du doigt provenant d'une côte d'un des blessés ; puis nous continuons nos recherches, marchant côte à côte avec beaucoup de précaution, dans l'attente d'un abordage et redoutant une surprise ; car je savais par ma triste expérience du 1er octobre 1860 combien était périlleuse l'opération que nous poursuivions, du reste assez facilement, grâce aux buissons tout arrosés de sang.

Enfin, à quarante pas sous bois, Bombonnel crie « Hallali ! » et nous apercevons un troisième lion étendu sans vie.

Passant à la recherche du quatrième, nous acqué-
rons bien vite la preuve qu'il est grièvement blessé ;
il perdait énormément de sang et se couchait de distance en distance, tout en fuyant.

Bien que convaincu qu'il était frappé à mort, nous
dûmes renoncer ce jour-là à sa poursuite, sous peine
de nous exposer à perdre les dépouilles des trois autres, et laisser ce soin aux Arabes. Ce fut un malheur
pour nous ; car les indigènes, l'ayant trouvé mort à
environ quatre kilomètres, se gardèrent bien de nous
le rapporter et se hâtèrent de diviser cette belle
bête : la plupart pour en faire des amulettes, dans la
croyance absurde qu'elles préserveraient infaillible-
ment leurs troupeaux de la dent des lions.

Une compagnie de zouaves, en garnison à Krenchela, se régala joyeusement de la chair de mes trois
victimes.

Pendant plusieurs nuits nous entendîmes le cin-
quième lion cherchant ses camarades ; tantôt il rugis-
sait à pleins poumons, et tantôt il se plaignait fort
longuement ; mais il nous fut impossible de l'aborder.

De guerre lasse, nous allâmes passer quelques jours

chez les Beni-Oudjana, puis force nous fut, n'entendant et ne voyant plus rien, de rentrer à Batna.

Ma première campagne avec Bombonnel était terminée, mais il était encore à Batna lorsqu'un épisode
burlesque, dont la place me semble marquée ici,
vint nous faire pouffer de rire tous les deux.

Trois indigènes et un Européen, le 29 janvier
1862, causaient avec animation sur la place de
Batna ; il était facile de deviner que la discussion
était grave, car leurs physionomies songeuses ne
donnaient pas à l'observateur impartial une très-
haute idée de leur bravoure.

Jusqu'alors on ne connaissait d'eux que des actions
en paroles et des promesses d'audace, qui n'attendaient sans doute qu'une occasion favorable pour se
transformer en faits héroïques.

Au moment où ils allaient se séparer, un Arabe
tout essoufflé les aborde en leur disant : « Arrivez
vite, arrivez vite ! le Saïd vient d'égorger quatre
bœufs au pied du Tugurth ! »

Cette nouvelle qui, paraît-il, répondait si bien aux
désirs de nos héros, les combla de joie ; ils s'empres-

sèrent d'aller chercher leurs armes, et se rejoignirent
peu après sur la route du Tugurth, montagne située à
environ douze kilomètres ouest de Batna.

C'était un plaisir de voir mes quatre gaillards si
décidés, marchant, le front haut et le sourcil froncé,
d'un pas ferme et ayant l'air de savourer d'avance
avec délices l'idée de la mirobolante victoire qu'ils
comptaient bien remporter sur le terrible roi des animaux.

Leur départ fut une véritable ovation ; chacun leur
donnait l'accolade ou leur serrait cordialement la
main, tout en faisant des vœux pour leur heureuse
réussite.

Nos futurs vainqueurs atteignent rapidement le
pied du Tugurth et trouvent, à l'endroit où les quatre
bœufs avaient été égorgés, une des victimes à peu
près intacte.

Comme il était assez probable que les lions ne
manqueraient pas dans la nuit de revenir à ce cadavre, nos gens établirent là leur affût. Leurs dispositions, il faut leur rendre cette justice, se firent assez
lestement ; mais il nous faut dire ici que quelques

Arabes malicieux, témoins de cette scène préparatoire, hochaient la tête d'un air de doute et ne pouvaient s'empêcher de croire à une mésaventure, tandis que les quatre braves, éblouis par l'idée d'un succès éclatant, ne doutaient de rien.

Aussitôt l'embuscade terminée, trois d'entre eux s'y installent pendant que le quatrième en passe l'inspection et en corrige les défauts; ces soins pris, il rejoint ses camarades.

A six heures du soir tout allait pour le mieux et nos gens, fermes au poste, étaient disposés d'une manière favorable pour viser à leur aise et tirer sûrement.

Tout à coup un rugissement sonore annonce la prochaine venue du lion; à ce signal terrible, notre Européen se gratte l'oreille, et on entame à la hâte le chapitre des précautions; on s'assure des amorces; on parle tout bas, puis un silence profond s'établit; on dirait leurs vies tout entières concentrées dans leurs yeux !... Allons, mes braves, voici l'instant du courage!

Un second rugissement, répété par les échos de la

montagne, fait vibrer l'air d'une manière terrible ; à
ce bruit formidable, le plus jeune des Arabes, levant
les yeux au ciel, se recommande à Mahomet, tandis
que son voisin, sans doute oppressé, hume à pleins
poumons l'air qui lui arrive par son créneau.

Le lion avance toujours ; mais à une quarantaine
de pas du cadavre, il s'arrête, se retourne et semble
attendre un compagnon ; en effet, un deuxième carnassier, beaucoup plus vieux, à en juger par sa démarche grave et cauteleuse, le rejoint bientôt et ils
se dirigent alors vers leur proie (ce qui, soit dit en
passant, prouve que la camaraderie existe chez les
grands félins).

Ils étaient à table ; un ciel superbe permettait de
les ajuster à l'aise ; c'était le cas ou jamais de faire à
quatre un magnifique coup double... Mais, hélas ! à ce
moment solennel, un canon de fusil touche quelques
feuilles qui crient comme si elles étaient froissées par
la main d'un homme ; deux armes s'entre-choquent
et personne ne fait feu.

Tous ces petits bruits, ces cliquetis d'armes éveil-
ent la méfiance des lions, qui, fort heureusement pour

nos affûteurs, ne viennent rien vérifier et se retirent rapidement sous bois.

Je laisse au lecteur à juger de la confusion de nos héros en paroles ; tout Batna en a fait des gorges chaudes, et ce n'était que la juste punition de leur vantardise.

Les pauvres diables s'étaient figuré que le sang des tueurs de lions et de panthères coulait généreusement dans leurs veines ! Plaignons-les : car, hélas ! ils ne seront jamais en odeur de sainteté auprès du patron vénéré des chasseurs !

Bombonnel m'avait quitté depuis longtemps lorsque j'appris des Arabes de Tamnit, au pied du versant nord du Bou-Arif, que les lions leur faisaient des visites par trop assidues et que chaque nuit des bœufs et des chèvres enlevés jetaient dans le désespoir cette paisible population, qui me réclamait à grands cris.

Je ne voulus pas me faire attendre davantage, et, le 12 septembre, malgré une pluie abondante et tenace, j'explorais la montagne en me faisant renseigner sur les chemins parcourus, aller et retour, par les lions; puis j'arrêtais, d'après ces connaissances, mon plan d'opération pour la nuit.

Je choisis pour mon embuscade le point le plus élevé qui dominait un ravin, dans les environs duquel les lions avaient étranglé, quelques jours avant, les plus belles bêtes d'un nombreux troupeau; puis ayant attaché solidement un vieux mulet à un pieu bien enfoncé en terre, je renvoie les Arabes à leurs douars.

La nuit vient, et avec elle la pluie redouble d'intensité, circonstance qui me contrariait fort à cause de la vue. Vers huit heures, un lion arrive tout droit à mon mulet et d'un seul coup de dent le jette à terre sans vie; l'obscurité est telle que je ne juge pas à propos de tirer; j'attends donc que mon carnassier bien repu se relève; c'est ce qu'il fait enfin, et comme alors il m'apparaît un peu plus distinctement, je l'ajuste de mon mieux et je serre le doigt; l'animal s'enfuit vivement, mais ses cris plaintifs et saccadés m'indiquent qu'il a reçu une cruelle blessure.

Cependant je cesse assez promptement d'entendre ses gémissements; la prudence me faisant une loi de me défier, je reste coi dans mon embuscade.

Vers deux heures du matin, la lune, dégagée des nuages, me permettait de bien voir devant moi ; aussi j'aperçois aisément une lionne assise à environ quarante pas du mulet abattu ; elle ne tarde guère à venir se mettre à table et prend une position telle que, tournant le dos à mon embuscade, elle me présente le flanc droit en demi-travers. Il n'y avait pas de temps à perdre : aussi je serre mes détentes et lui envoie deux balles à la fois ; l'une, à pointe d'acier, lui brise la cuisse, et l'autre, explosible de Devismes, éclatant dans le ventre, foudroie ma bête, qui tombe roide morte.

Aussitôt le jour venu, je me mets à la poursuite de mon blessé, dont, grâce à la pluie qui avait délavé entièrement le sol, je ne tarde pas à perdre les traces.

XXIII

DEUXIÈME CAMPAGNE AVEC BOMBONNEL EN 1863

Bombonnel étant venu me rejoindre à Batna vers les premiers jours de janvier 1863, nous allons passer toute la lune de ce mois sur la montagne du Bou-Arif; bien que nous y trouvions plusieurs traces de lion fraîches et qu'à maintes reprises nous entendions

23

des rugissements la nuit, il nous est impossible d'en joindre un seul.

Découragés, nous partons le 22 pour l'Aurès ; à Krenchela, où l'an dernier j'avais eu la chance de faire mordre la poussière à quatre lions, nous ne sommes pas plus heureux ; quinze jours passés dans la vallée d'Ourten ne nous procurent qu'une indigestion de pluies et de neiges presque continues. Aussi le 19 février, nous changeons notre plan de campagne et nous allons planter notre tente chez les Ouled-Arif (Beni-Oudjana), où on nous signalait la présence d'une famille de lions qui chaque nuit faisait de terribles ravages.

Le 21 février, le ciel, momentanément serein, se remet à la neige, qui tombe à gros flocons pendant trois jours et trois nuits de suite, et qui arrive, le 24, à avoir plus d'un mètre d'épaisseur. Vers le soir, le temps s'éclaircit ; mais le vent du nord souffle avec impétuosité et de violentes rafales font tourbillonner la neige ; le 25, au matin, notre thermomètre marquait dix degrés au-dessous de zéro ; nous nous croyions en pleine Sibérie !

Nous eûmes encore pendant plusieurs jours des alternatives fréquentes de température qui nous firent endurer de cruelles souffrances ; mais le pis de l'affaire, c'est que le mauvais temps avait chassé les lions de la montagne et qu'il nous fallait dès lors encore nous déplacer.

Pendant cette affreuse tourmente, nous assistâmes au spectacle douloureux de la fuite d'une tribu qui, comme toutes les autres, sur la foi des beaux jours antérieurs, avait cru à l'arrivée du printemps et s'était installée dans la montagne ; elle se hâtait, à travers mille périls, de regagner la plaine.

Le défilé eut lieu devant notre tente, vers dix heures du matin ; il nous aurait fallu une plume éloquente ou le pinceau d'Horace Vernet pour retracer dignement ce touchant tableau.

Les femmes ouvraient la marche, allant pieds nus dans la neige qui leur dépassait les genoux ; elles portaient leurs enfants derrière le dos, et dans leur poitrine elles tenaient des agneaux et des chevreaux. Suivant la piste frayée par elles, venaient d'abord les mulets, bœufs et ânes, tous chargés de butin, puis les moutons et les chèvres, bêlant à qui mieux mieux. La marche était fermée par les Arabes, qui, gravement assis sur leurs chevaux, ramassaient les bêtes qui ne pouvaient plus aller.

Obligés, comme je l'ai dit plus haut, de suivre les lions que cette tourmente avait chassés dans la plaine, nous allons, le 27 février, camper dans la vallée d'Orbia, territoire des Hamman-Erah, à environ dix lieues ouest de Krenchela, où se trouvaient plusieurs douars qui étaient en butte aux dévastations continuelles des lions.

Nous employons plusieurs jours à fouiller le terrain et à bien reconnaître les traces de nos carnassiers.

Enfin, le 4 mars, j'engage Bombonnel à s'installer avec un cheval d'appât sur un plateau où se trouvait une clairière ; la position me semblait excellente, d'abord parce qu'on y remarquait de nombreuses traces de lions, et ensuite, parce que ce point dominant toute la vallée, nos bêtes, en quittant leurs repaires, ne pouvaient manquer d'apercevoir le cheval destiné à les attirer. Le pauvre animal est donc attaché à sept ou huit pas d'un genévrier, dans lequel, à cinq heures du soir, après en avoir bien fermé les interstices avec des branches de même essence, Bombonnel se glisse mystérieusement, tandis que je m'en vais me poster à l'entrée de la gorge, près de la plaine.

Vers six heures, un double rugissement est répété par les échos d'alentour; puis les cris se renouvellent par intervalles.

Enfin, à huit heures, j'entends une très-forte détonation qui, cinq ou six minutes après, est suivie d'une seconde. Le reste de la nuit se passe dans un parfait silence, qui n'est troublé que par le vent qui souffle d'une manière impétueuse.

Certain que c'était Bombonnel qui avait tiré, je me hâte, sitôt le jour venu, d'aller le rejoindre, et je suis fort agréablement surpris de voir un beau lion étendu sans vie sur son flanc gauche.

Quant au deuxième animal, qui, tombé sur le coup, était resté couché quelques instants près de l'embuscade, qu'il avait arrosée de son sang, il s'était enfui sous bois; nous le suivîmes aux rougeurs toute la journée sans pouvoir le rejoindre, et la neige ayant

23.

recommencé à tomber le lendemain, nous dûmes renoncer à sa poursuite et nous contenter de rapporter à Batna sur des mulets la lourde victime de l'ami Bombonnel.

Après quelques jours de repos et après le renouvellement de nos vivres, nous repartons pour le Bou-Arif, dans lequel on nous signalait la présence de plusieurs lions.

Nos renseignements étaient exacts, car la deuxième nuit, Bombonnel sur un point et moi sur un autre, au moment où le grand jour allait commencer, je vis un lion de taille ordinaire qui s'approchait cauteleusement de mon appât ; il s'arrête à quatorze mètres et semble examiner si rien ne viendra, une fois à table, le déranger. J'allais le tirer, quand j'aperçois tout à coup une belle lionne, suivie de trois lionceaux de stature déjà respectable, qui pouvaient avoir environ dix-huit mois.

L'ambition de faire un coup double me saisit de suite, et j'y aurais certainement réussi (car tous venaient franchement à mon vieux cheval), lorsque les cris d'un Arabe, chassant devant lui un âne qui refusait d'avancer, ayant sans doute éventé les lions, mirent mes animaux en fuite. Je laisse au lecteur le soin de se figurer mon amer désappointement!

Pendant dix jours de suite, nous recherchâmes cette intéressante famille, sans pouvoir la rejoindre une seule fois ; de plus, la lune était dans son déclin ; ce que voyant, nous prîmes le parti de regagner Batna.

Je ne terminerai pas le récit de cette deuxième campagne sans dire que, le 12 avril, j'apprenais, par un chef arabe des Hammam-Erha, que des bergers avaient trouvé le squelette du lion tiré par Bombonnel ; mort de sa blessure, il avait été entièrement dépecé par les aigles et les vautours.

C'était vraiment chose fâcheuse d'avoir perdu une si belle dépouille !

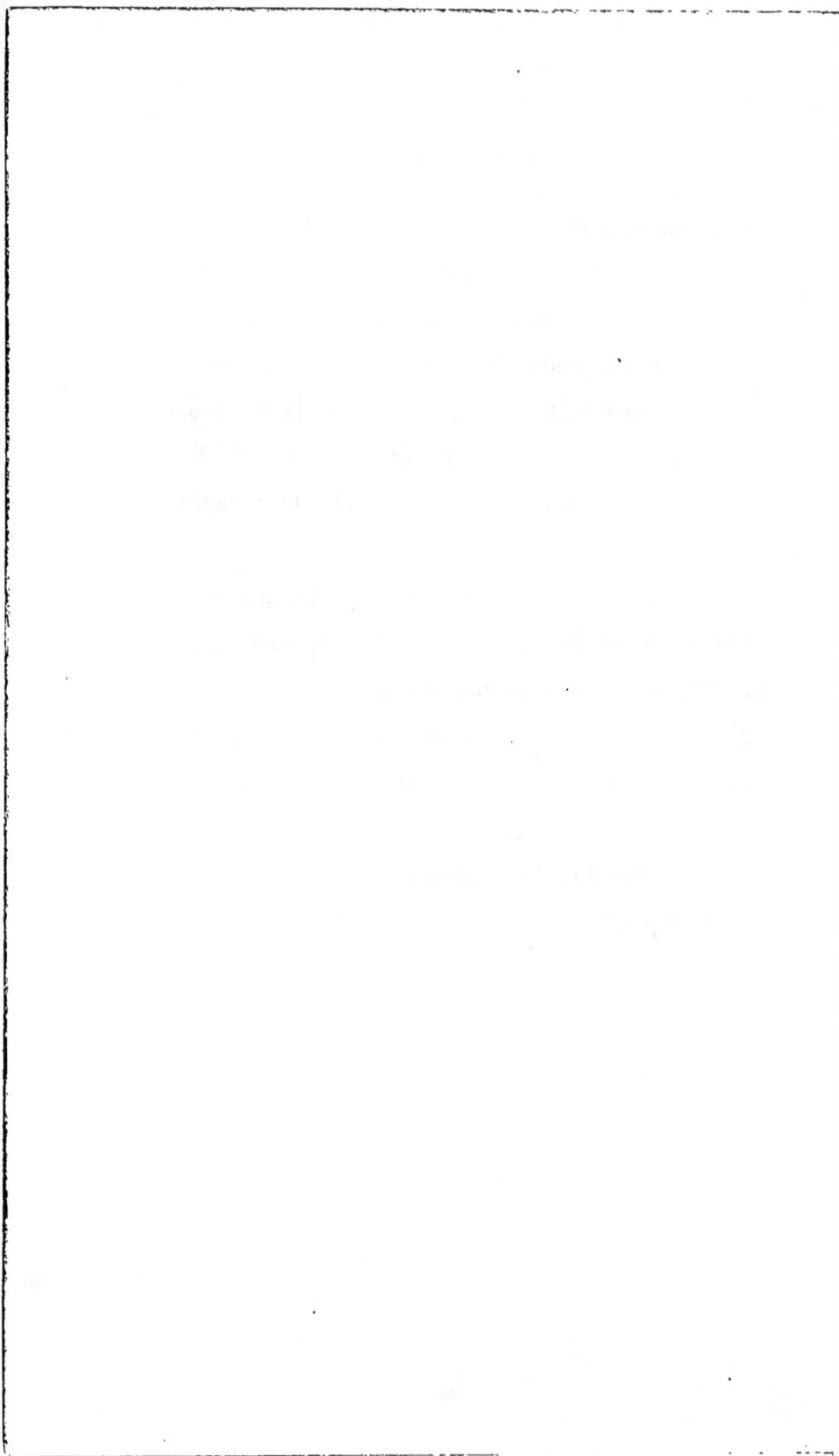

XXIV

EXCURSION, EN 1863, AVEC LE PRINCE DE WINDISCH-GRAETZ

Je recevais, en avril 1863, une lettre d'un illustre disciple de saint Hubert, qui me demandait à venir chasser avec moi; c'était le prince de Windisch-Graëtz de Vienne (Autriche) qui me faisait cet honneur, à moi pauvre enfant du peuple ; je ne crus pas devoir refuser.

Le 25 du même mois, nous partons pour le Bou-Arif, où j'avais déjà eu d'assez beaux succès, et nous campons dans ma petite ferme, à El-Mader (22 kilomètres nord-est de Batna) ; nous passons dix nuits à l'affût sans rien voir, mais non sans entendre plu-

sieurs fois les lions. Saint Hubert, que nous avions
peut-être oublié, nous fit faire buisson creux, et puis
la lune à son déclin nous donna le signal du départ.

Pendant nos dix affûts de nuit ainsi que pendant
les douze journées que nous employâmes à parcourir
en tous sens la montagne, à pied ou à cheval, j'ai pu
m'assurer que le prince possédait un courage, une
patience et un sang-froid imperturbables ; qu'il avait
des jarrets d'acier, et enfin qu'il était capable de
supporter la faim et les plus dures privations. Ce
sont bien là les qualités indispensables d'un chasseur
au lion.

L'anecdote suivante, pouvant donner au lecteur
une idée assez précise de la délicatesse et de l'effron-
terie des Arabes en général, a sa place toute natu-
relle ici.

Un jour, pendant que nous déjeunions sous la
tente à ma petite ferme d'El-Mader, j'aperçois, dans
un mien champ d'orge, une troupe de seize chevaux
et mulets qui s'en donnaient à cœur joie ; j'expédie
aussitôt à leur poursuite quatre Arabes qui me ramè-
nent les bêtes et leur propriétaire, auquel je demande,

plutôt par punition que par intérêt, deux francs d'indemnité par tête, soit (la sienne non comprise) trentedeux francs ; mon homme s'écrie, comme font tous les Arabes en pareil cas, qu'il est pauvre et tout à fait hors d'état de payer pareille somme. Je réduis mes exigences à vingt francs, en lui disant de n'y plus revenir, et je lui annonce, pour lui prouver mon désintéressement, que je vais devant lui distribuer cette somme aux Arabes qui ont opéré la capture des animaux.

Pendant cette discussion, le prince, prenant en pitié mon Arabe, quitte la table sans rien dire et s'en va lui glisser dans la main les vingt francs que je lui réclame, puis se remet à table.

L'Arabe revient de suite m'offrir dix francs, en jurant ses grands dieux que c'est déjà bien assez, et que, du reste, il n'en a pas davantage en sa possession.

Cette scène caractéristique édifia fort singulièrement le prince, qui n'en revenait pas. Quelques jours après, il avait affaire à une femme arabe, ce qui lui révélait un autre trait des mœurs indigènes.

Nous étions venus faire une excursion à l'Oued-Chemora, dans des tamarins où précédemment j'avais eu assez de succès. Cette rivière, qui prend sa source dans l'Aurès, était devenue très-forte par suite de la fonte des neiges. Tout à coup nous voyons de divers côtés les Arabes accourir précipitamment sur ses bords. « Courons vite, me dit le prince, quelqu'un se noie ! »

Nous arrivons au galop et nous demandons aux Arabes de quoi il s'agit ; personne ne nous répond. Voyant sur l'autre rive une femme qui pleurait bruyamment, nous traversons le cours d'eau, et là un vieillard finit par nous apprendre qu'un poulain d'environ six mois venait de se noyer.

Le prince me demande le prix de cette perte, que j'estime à une vingtaine de francs, prend un napoléon et le donne à la malheureuse femme, qui, tout en se lamentant fort, se déchirait les joues avec ses ongles ; elle cesse de pleurer pour prendre la pièce, et puis elle recommence de plus belle ses gémissements.

C'est à leur désespoir bruyant et à la force des déchirures qu'elles se font que les Arabes jugent du degré de sensibilité de leurs femmes pour les pertes qu'ils éprouvent.

Voyant que nous ne pouvions réussir à voir un lion, nous nous décidons, le 2 mai, à regagner Batna.

A peine arrivés, le prince manifeste un vif désir d'aller tenter la fortune dans l'Aurès ; je cède à ses pressantes sollicitations, mais en le prévenant qu'à cause de mon très-prochain voyage en France, notre excursion ne serait-pas longue, et le 7 mai nous nous dirigeons vers la montagne.

Nous employons toute la journée à fouiller les repaires habituels des lions dans des endroits où jadis j'en avais vu des bandes (une entre autres de neuf animaux) ; nous ne trouvons aucune trace et ne distinguons que des boutis de sangliers dans les champs.

Enfin, sur les cinq heures du soir, quelques bergers arabes viennent nous affirmer que leur douar reçoit chaque nuit la visite du lion, et qu'en y allant camper, nous le tuerons pour sûr. Ces paroles transportent le prince de joie, et il s'écrie que cette fois saint Hubert, nous prenant en pitié, va diriger nos pas

24

sur le chemin de la réussite. Nous gagnons rapidement le douar indiqué, où nous attendait, hélas! une
bien cruelle déception. Interrogé par moi, le chef
arabe me déclare très-nettement « que depuis que j'ai
« *tout* tué, ils sont parfaitement tranquilles, attendu
« qu'il n'y a plus de lions. » Je renonce à décrire
notre désappointement.

Nous nous décidons alors à envoyer chercher nos
chevaux et nos couvertures, et quand ils nous arrivent, nous voyons de suite qu'on nous a volé des
cordes, des entraves et maints autres objets.

Je me hâte de les réclamer; aussitôt les Arabes
présents jurent par leur prophète (Mohammed, en
français Mahomet) qu'ils n'ont rien vu; j'ai beau
prier, puis menacer; rien n'y fait. J'emploie enfin
la ressource suprême: c'est de tirer mon calepin
et d'y inscrire les noms du chef et de l'Arabe
qui est allé chercher nos chevaux, en les prévenant que je porterais plainte contre eux au bureau
arabe.

A ces paroles menaçantes, ce fut un tapage incroya-
ble: les Arabes, en tournant leurs chapelets, se mi-

rent à crier de toute leur force : « Dieu est Dieu et Mohammed est son prophète. »

Pendant ce vacarme, une vieille femme, qui était la mère de notre voleur, tout en se lamentant, nous accablait d'injures et d'imprécations ; impatienté, je somme énergiquement le cheick d'imposer silence à cette mégère et de nous faire rendre les objets soustraits, le prévenant que, faute par lui de s'exécuter promptement, il pourrait fort bien payer l'amende et, de plus, aller en prison. Cette menace fit bon effet, car il me répondit : « *Arbie djiba*, — le bon Dieu « te les apportera. »

Il avait dit vrai ; pendant la nuit, tous les objets volés se rendirent mystérieusement à nos pieds, notre rusé détrousseur ayant profité des ténèbres pour en opérer la restitution.

Nous passâmes, par parenthèse, une bien mauvaise nuit dans ce maudit douar ; le prince n'avait pas voulu coucher pêle-mêle avec les chevaux, chèvres et moutons, et j'avais dû tendre une toile sur des montants de tisserand pour nous mettre à l'abri de la pluie qui, vers une heure du matin, tombait par ·

torrents; tout d'un coup un terrible coup de vent bouleverse notre tente improvisée et fait tomber un des montants, du poids de dix-huit kilogrammes, sur la tête de mon illustre compagnon, qui se réveille à moitié assommé. Il va sans dire que, mouillés jusqu'aux os et en plein air, nous ne fîmes que grelotter jusqu'au jour.

Remontés à cheval, par une pluie battante et à travers un brouillard excessivement intense, nous eûmes mille peines à regagner Batna.

Si ces quelques lignes viennent à tomber un jour sous les yeux du prince de Windisch-Graëtz, elles lui rappelleront les souffrances et les privations auxquelles doit se soumettre le chasseur de lions, et puis mon désespoir de notre insuccès ; je terminerai en redisant le juste orgueil que m'a causé sa bienveillante visite, dont je garderai soigneusement dans mon cœur un éternel souvenir.

XXV

POURQUOI LES ARABES, QUI SONT TRÈS-BRAVES, NE CHASSENT PAS PLUS SOUVENT LES GRANDS CARNASSIERS

« Connaissant le caractère énergique du véritable
« Arabe, de l'Arabe digne de ce nom, tout le monde
« pensera que l'indigène doit attaquer sans hésitation
« l'audacieux ravisseur, et personne ne se trom-
« pera.

« Sur tous les points de l'Algérie, les Arabes
« chassent le lion (et la panthère) ; je n'en veux pour
« preuves que les nombreuses dépouilles apportées
« par les indigènes dans les bureaux arabes.

« Non-seulement dans chaque province, dans cha-
« que subdivision, mais encore dans chaque cercle, se

24

« trouvent des Arabes qui ne laissent pas impuné-
« ment le lion décimer leurs troupeaux ; pour tirer
« vengeance de ses méfaits, ils n'ont pas besoin d'ê-
« tre reconnus comme les tueurs jurés du beylyk
« (État) [1]. »

Si l'Arabe n'était pas si paresseux, il chasserait le
lion de nuit ; mais il sait qu'il y a cent chemins pour
l'animal et qu'il n'est pas sûr de le rencontrer une
fois sur trente. Cette incertitude, compliquée de pa-
resse, le pousse à préférer l'attaque du jour, qui,
comme nous allons le voir, est presque toujours suivie de mort d'hommes et de blessures plus ou moins
graves.

Une panthère, qui avait fixé son domicile sur la
montagne de la tribu du cheick Bou-Afia, faisait depuis assez longtemps éprouver à ces Arabes des pertes
considérables.

Lassés de ces ravages continus, ils résolurent de la
tuer, et choisirent pour cette expédition l'après-midi
du 27 janvier 1862.

[1] Henri Béchade, *la Chasse en Algérie*. 1860.

Après avoir fait les investigations d'usage et avoir bien reconnu le repaire de leur ennemi, armés de leurs fusils et accessoires, trente hommes l'attaquèrent ; l'animal débusqué reçut plusieurs coups de fusil, mais ne fut que blessé plus ou moins grièvement.

Les Arabes rompent le cercle qu'ils avaient formé pour envelopper la bête, et, joignant quelques petites ruses à leur manœuvre, tombent en masse sur la panthère pour l'écraser ; mais celle-ci, se voyant cernée et ayant la vie dure comme tous les grands félins, rassemble ses forces, se jette sur les agresseurs et se sert si bien de ses griffes et de sa mâchoire, que quelques minutes lui suffisent pour rester maîtresse du champ de bataille, sur lequel elle ne tarde pas, il est vrai, à rendre le dernier soupir.

Les résultats de cette rencontre furent : un Arabe mort sur place, huit blessés sérieusement et plusieurs d'une façon assez légère.

L'action avait eu lieu au Bel-Esmah, à dix kilomètres nord-ouest de Batna, où la bête fut apportée et reconnue pour appartenir à la plus grande espèce.

Comme on le voit, la panthère de la province de

Constantine n'est pas un animal inoffensif et timide, comme l'ont affirmé, dans leur ignorance, certains chasseurs.

Passons maintenant à une chasse au lion de jour, qui eut lieu dans la même tribu en février 1857.

C'était aux environs de l'Oued-Arif, chez les Beni-Oudjanah, au pied de la grande montagne nommée le Chailla, à quarante-cinq kilomètres est de Batna. On y trouve de très-grands fourrés (essences de chêne vert, pin d'Alep, genévriers et lentisques), qui sont d'excellents repaires pour le roi des animaux; il n'en sort guère que la nuit et suit alors les nombreux sentiers qui les sillonnent tortueusement dans tous les sens.

Un Arabe, la hache à la main, allant faire du bois, suivait insoucieusement un de ces sentiers, lorsque, à un tournant brusque, il se trouve tout à coup en présence d'un énorme lion qui n'était qu'à deux ou trois mètres de lui.

L'animal, aussi surpris que l'Arabe, hérisse sa crinière en grognant sourdement, tandis que notre homme, qui croit que le lion va l'avaler, fait avec sa

hache des signes menaçants qui ne peuvent que l'irriter ; en effet, le lion avance, et alors l'Arabe, fou de
terreur, lui plante avec la force du désespoir un terrible
coup de hache dans la tête ; le tranchant pénètre
profondément ; mais, bien qu'un peu étourdie du
coup, notre bête saute sur l'agresseur et de sa formidable mâchoire lui broie une cuisse.

Les cris de douleur et de détresse du malheureux,
répétés par les échos d'un rocher plein de nombreuses
cavités, font croire au lion qu'il y a aux alentours
plusieurs ennemis ; il lâche alors sa proie et se dirige
en bondissant vers la roche.

Notre pauvre diable, malgré son affreuse blessure,
profite de ce répit, et, grâce à un effort surhumain,
parvient à se hisser sur un arbre au pied duquel le
lion, promptement désabusé, revient s'étendre pour
garder à vue la victime qui lui échappe.

Ce n'est qu'au bout d'une heure et demie que les
douars ont compris et arrivent au secours : soixante-
dix à quatre-vingts Arabes, tous armés de fusils et de
yatagans, apparaissent et s'arrêtent à cent pas environ
du perchoir sur lequel le pauvre mutilé ne pouvait

plus se tenir ; ils lui crient de prendre courage et qu'ils vont le délivrer.

Parmi eux se trouvait un célèbre coureur qui faisait assaut à la course avec les chevaux et qui était le frère du cheick Belale. Il dit aux Arabes : « Tirez tous en-« semble sur le lion ; pour vous charger, il quittera « le pied de l'arbre, où j'arriverai rapidement ; j'y « serai bien vite grimpé, et alors je soutiendrai le blessé « en attendant le moment favorable pour le descendre « et l'emporter. »

Une décharge générale est faite sur le lion, qui n'est que blessé et bondit furieux sur ses agresseurs, qui lui montrent trop rapidement les talons pour qu'il puisse en saisir un seul. De guerre lasse, il revient au pied de l'arbre sur lequel le frère du cheick était les-tement grimpé et soutenait dans ses bras le pauvre diable plus mort que vif, souffrant horriblement de sa blessure.

Cependant, après avoir rechargé leurs fusils, nos Arabes reviennent, bien décidés à en finir ; formant le cercle, ils s'avancent à cinquante pas du lion et, au signal du plus ancien, ils font feu tous ensemble et prennent vivement la fuite, poursuivis avec fureur par l'animal exaspéré ; profitant du moment, notre coureur se laisse avec le blessé glisser au bas de l'arbre, le charge sur son dos et se hâte de fuir ; mais le lion a tout vu et il est sur le point de ressaisir la proie qui lui échappe, lorsque les deux frères de la victime, qui ont prudemment gardé leur feu pour protéger sa retraite, déchargent à bout portant leurs fusils sur l'animal qui, grièvement blessé cette fois, tombe, mais se relève aussitôt.

Un des frères lui plonge alors son yatagan dans le ventre ; le lion se retourne vivement contre lui, d'un coup de griffes lui arrache les entrailles et d'un seul coup de sa terrible mâchoire lui broie la tête.

Laissant cette victime sur le terrain, tous les Arabes accompagnent au douar le premier blessé, qui, après avoir embrassé sa femme et ses enfants, ne tarde pas à expirer.

Le dernier survivant des trois frères jura alors sur ce cadavre de les venger, disant qu'il tuerait le lion ou serait tué par lui. Après avoir vivement recommandé au cheick de prendre soin de ses enfants et de ceux de ses frères, il se met tout nu, prend deux fusils et un pistolet, puis il défend bien expressément à qui que ce soit de le suivre.

Arrivé sur le lieu du combat, il voit le lion couché à dix pas du cadavre, près d'une cépée de chêne vert; l'animal le laisse venir à une vingtaine de pas sans avoir l'air d'y prendre garde, soit parce qu'il était grièvement blessé, ou soit que dans cet homme nu il ne reconnut pas un adversaire.

Notre Arabe ajuste entre la tête et l'épaule; au coup de feu, le lion, en deux bonds, arrive sur le tireur, qui lui pose froidement le canon de son second fusil à l'oreille et lui casse la tête.

Il va sans dire que le vainqueur, après avoir reçu les bruyantes et sincères félicitations de tous, fut reporté en triomphe à son douar.

Cet épisode tragique me suggère les observations suivantes :

Si, lors de sa rencontre à l'improviste, le premier Arabe n'avait pas fait avec sa hache des gestes menaçants; si, en un mot, il était resté immobile, je crois que le lion aurait fui.

Dans tous les cas, je ne craindrais pas d'affirmer que, si l'homme s'était paisiblement écarté du sentier, l'animal ne l'aurait pas poursuivi.

Par où je conclus que si vous venez jamais à vous trouver en pareille circonstance, ou vous verrez le lion fuir, ou il vous laissera paisiblement lui céder le chemin.

Comme on vient de le voir, chaque fois que les Arabes font des entreprises contre les grands carnassiers, il est bien rare qu'il n'y ait pas mort d'hommes et plusieurs individus estropiés ou grièvement atteints. Aussi l'autorité militaire s'oppose-t-elle tant qu'elle peut à ces battues périlleuses.

Quand on est aussi pauvre en stratégie que les Arabes et surtout quand on est aussi mal armé qu'eux, c'est jouer trop gros jeu et dépenser trop de courage pour obtenir un résultat qu'atteignent la nuit, souvent aisément, certains chasseurs d'une expérience consommée.

Aussi vois-je avec un bien vif sentiment de plaisir des Européens et même des Arabes adopter ma méthode et obtenir des succès qui iront toujours gran-

25

dissant, je l'espère. En tous cas, je suis, à mon grand contentement, certain d'avoir des successeurs lorsque l'âge viendra me forcer de me retirer de la lutte.

Un illustre chasseur a écrit quelque part « que, « s'il avait voulu accepter tout ce que les Arabes re- « connaissants lui offraient, il aurait fait sa fortune. » C'est là une opinion que je suis bien loin de partager, par la raison toute simple que j'ai tué mes lions dans les mêmes tribus que lui, que j'ai eu pour ainsi dire affaire aux mêmes personnes, et que cependant je n'ai récolté chez les Arabes, en retour des services que je leur rendais, que de l'ingratitude; mon ami Bom- bonnel partage entièrement ma manière de voir à ce sujet. Sauf des exceptions tellement rares (le com- mandant P. Garnier n'en a vu que deux pendant ses quatorze années d'Afrique) qu'elles ne peuvent que confirmer la règle générale, je dois affirmer ici que les Arabes ont trois défauts bien marqués; ils sont au suprême degré : 1° ingrats, 2° menteurs, 3° vo- leurs. Eh bien ! ces trois vices honteux se sont tou- jours manifestés à mon égard, même sur les terrains où je venais, en tuant des lions, de les soustraire aux charges si onéreuses d'un pareil voisinage.

En résumé, trente lions détruits ne m'ont pas valu une seule marque de leur reconnaissance ; j'ai donc bien incontestablement le droit de ne pas y croire.

XXVI

QUELQUES OBSERVATIONS SUR LES MŒURS DE L'ESPÈCE LÉONINE. — CONSEILS AUX CHASSEURS

Beaucoup de touristes à leur passage à Batna sont venus me demander des renseignements sur l'art de chasser le lion, et m'ont vivement engagé à rendre publics les quelques épisodes dont j'avais jusqu'ici tenu mémoire. Les habitants de la localité même m'ont maintes fois poussé à cette détermination.

25.

Quelques personnes, au contraire, m'ont laissé comprendre que cette publication ôterait tout le prestige dont on s'est plu à entourer le chasseur de lions...

Certes ce n'est ni un démenti, ni une preuve de déférence que j'ai voulu donner aux uns et aux autres, en prenant aujourd'hui le public pour juge.

Mon véritable sentiment a été le désir d'être utile à ceux de mes concitoyens qui, voulant se dévouer à ces entreprises périlleuses, manqueraient de renseignements et de moyens pour se mettre à l'œuvre ; j'ai voulu dévoiler aux malheureux habitants de l'Algérie, qui toute l'année sont victimes des déprédations de la race léonine, l'art de se soustraire à ses audacieuses rapines ; à tous enfin le moyen de vaincre ce terrible lutteur, qu'on reconnaît pour le roi des animaux.

Aussi terminerai-je ces récits tout personnels par quelques observations, prises sur le fait, des mœurs de ces grands carnassiers, et par quelques conseils aux chasseurs, tirés de ma propre expérience.

Un grand nombre de naturalistes se sont occupés du lion et ont tenté d'étudier ses mœurs ; mais il est incontestable que les sujets qu'ils ont examinés étaient tous des animaux réduits à l'esclavage et qu'aucun de ces savants n'a eu l'occasion d'étudier l'animal à l'état sauvage et libre.

C'est de ce dernier que je veux parler, de celui qui peuple les grandes forêts, règne sur les hautes montagnes, où il défie l'homme dont il ravage les troupeaux ; du lion que n'a pas flétri et énervé la servitude ; du lion, enfin, que j'ai eu si souvent l'occasion d'admirer dans cette partie de l'Afrique que j'habite, et où il exploite à son aise l'amour du sol qui enchaîne éternellement l'Arabe aux lieux qui l'ont vu naître.

C'est véritablement une noble et intéressante étude que celle de la nature du sauvage souverain, suivi pas à pas dans toutes ses démarches, soit qu'il poursuive à outrance, de forêt en forêt, de montagne en montagne, de ravin en ravin, les bandes de sangliers ; qu'il s'abatte audacieusement au milieu des douars et des tribus, y semant à son gré l'effroi et le carnage ; soit qu'il ait recours aux ruses multipliées ou aux savantes manœuvres pour s'assurer la proie qu'il convoite.

Quoi qu'on en ait dit, le lion tue par instinct bien plus que par besoin ; le sang l'enivre.

Voyez-le entouré de victimes : sa joie est au comble, il va de l'une à l'autre ; si la faim ne le tourmente pas, il se contente d'en boire avidement le sang ; si le besoin l'excite, il déchire à belles dents et mange en glouton, et s'il quitte sa proie, ce n'est pas par dédain ou fierté, comme quelques écrivains ont bien voulu le supposer, mais seulement parce qu'il est repu.

Il y revient, et quelquefois pendant cinq ou six jours, c'est-à-dire jusqu'au moment où la viande commence à se corrompre ; alors la répugnance l'emporte et le lion abandonne tout à fait ces restes dégoûtants.

Il est vrai que l'animal ne revient pas toujours à sa première proie ; c'est qu'alors, en se retirant, il a fait sur sa route de nouvelles victimes qui suffisent à assouvir ses appétits. C'est une exception qui ne justifie en aucune manière les assertions émises par certains voyageurs et naturalistes, que le lion ne revient jamais à sa proie.

— Trop fier et trop noble, disent-ils, il abandonne ses restes aux goûts carnassiers et dépravés du chacal et de la hyène, etc.

— Il ne songe guère à se faire le pourvoyeur de ces animaux immondes, que tout chasseur méprise trop pour leur faire l'honneur d'une de ses balles.

Il existe en Algérie trois espèces de lions bien distinctes :

Le lion fauve, qui est le plus grand ;

Le lion noir, un peu inférieur en taille, mais plus trapu ;

Enfin, le lion gris, dont la taille diffère de celle des deux espèces précédentes.

Mais les individus de ces trois espèces ne sont pas moins dangereux les uns que les autres.

Le lion habite de préférence les grandes forêts, les hautes futaies garnies de broussailles épaisses, qu'il ne quitte presque jamais que le soir, pour se mettre en quête de sa nourriture.

Il suit habituellement les chemins et les sentiers : ce n'est que quand il est dérangé ou poursuivi qu'il marche sous bois. Il annonce par de forts rugisse-

ments le moment où il quitte son repaire, puis il se
tait, pour ne pas dénoncer son approche lorsqu'il
arrive près des douars.

Il s'avance alors sournoisement, tantôt bondissant,
tantôt rasant la terre, saisissant le moindre bruit,
surveillant tous les buissons. Si les chiens, ces gardiens fidèles, l'ont éventé et ont trahi son approche
par leurs aboiements furieux, les Arabes sortent des
tentes ou des gourbis, poussent des clameurs inju-
rieuses, lancent des pierres et frappent les arbres de
leurs bâtons.

Le lion découvert se retire, mais c'est pour changer de tactique. Il attend que tout ce tapage soit
apaisé et le calme rétabli : puis, secondé par la sécurité de ses ennemis, il revient à l'improviste, franchit
d'un bond les clôtures, saisit sa proie et s'éloigne,
avant même que les Arabes aient été de nouveau
prévenus de son irruption par les aboiements des
chiens.

Les clôtures dans lesquelles sont parqués les troupeaux ont d'ordinaire de deux mètres cinquante centimètres, à trois mètres d'élévation. On peut juger

par là de la force et de l'agilité du lion, qui franchit aisément cet obstacle, chargé de la proie qu'il a choisie.

Si un premier larcin n'a pas suffi à apaiser la faim qui l'aiguillonne, il recommence ses manœuvres et vient affronter de nouveau la colère de ses adversaires.

Peu sensible aux insultes dont ils l'accablent (juif, yudi; chrétien, roumi) et aux pierres qu'ils lui envoient à l'aide de frondes, il continue sa retraite, mais sans lâcher sa victime que ne songent pas à lui disputer les chiens, qui n'ont garde de quitter la tente sous laquelle ils se sont réfugiés.

Alors que, par une exception bien rare, le lion surpris n'a pu emporter sa proie, le troupeau n'en a pas moins souffert, car il est bien rare qu'avant d'en saisir une, le destructeur n'ait pas abattu cinq ou six têtes de bétail.

Est-ce de sa part prévoyance d'un prochain retour? Peut-être; mais il multiplie d'ailleurs ses méfaits, rien que pour s'abreuver de sang.

Il est impossible que le lion mange tous les ani=

maux qu'il abat ; aussitôt repu il cesse son repas ; mais cela ne l'empêche pas de tuer encore tous les animaux qu'il rencontre sur son passage. Je l'ai dit, il s'enivre de sang et se plaît dans le carnage.

Il attaque rarement en plaine les chevaux, les bœufs et les mulets ; mais si ces animaux se sont égarés ou s'ils paissent dans les grands bois, il les punit toujours de cette invasion de ses domaines ; là il est le maître et égorge tout à son aise.

Au mois de mars 1859, je fus témoin d'une scène de ce genre à El-Mader :

Au moment où les troupeaux redescendaient de la montagne pour rentrer au douar, ils furent assaillis sur un plateau par un lion énorme. L'animal traverse le troupeau et le coupe en deux, en y répandant une affreuse confusion ; moutons, chèvres, chevaux et mulets s'enfuient avec épouvante.

Une moitié put regagner la plaine et échapper ainsi aux griffes terribles du destructeur ; mais l'autre moitié, séparée par la manœuvre du lion, avait pris la fuite vers le sommet de la montagne, et le lendemain quarante-cinq cadavres gisaient sur le terrain.

En visitant ce vaste champ de carnage, je reconnus, indépendamment des traces de ce lion, celles
d'une lionne et d'un jeune lionceau ; évidemment un
seul lion n'eût pu suffire à un pareil massacre.

Une croyance assez généralement admise, c'est que
le lion établit son repaire dans des trous ou dans le
creux des rochers : c'est une erreur. Confiant en sa
force, sûr de lui et ne redoutant l'attaque d'aucun
animal, il choisit simplement pour s'y relaisser le
taillis le plus épais, où l'homme peut, s'il l'ose,
s'aventurer à venir le chercher.

Au reste, l'animal ne sort de sa mollesse et ne
renonce à son amour du repos que lorsqu'il y est
poussé par la faim, et, dans son insoucieuse apathie,
il ne songe guère à se donner la peine de se creuser
une retraite, que son courage et sa fierté dédai-
gnent.

S'il était possible au chasseur, en suivant ses traces, d'étouffer le bruit de ses pas, d'éviter le froissement ou le craquement des branches qui se rencon-
trent au passage, on pourrait facilement le surprendre
à la reposée et l'y faire passer du sommeil à la mort :

mais ces obstacles sont autant d'impossibilités contre lesquelles il est prudent de ne pas lutter.

Une particularité singulière que j'ai pu constater chez le lion, c'est qu'il absorbe une quantité considérable de terre glaise et de diss. Est-ce comme digestif ou comme purgatif qu'il emploie ces ingrédients? Je ne sais; car, s'il est son propre médecin, je n'ai pas songé à l'interroger. En tous cas, j'ai souvent trouvé dans ses repaires des matières pancréatiques qu'il avait vomies et auxquelles le diss se trouvait mêlé.

L'estomac du lion n'étant pas conformé pour digérer les herbages, j'ai dû croire que cette absorption de diss et de terre glaise avait pour but de provoquer les vomissements et de dégager ainsi l'organe digestif.

A l'âge adulte, il existe quatre fois plus de lionnes que de lions, bien que, dans le bas âge, le nombre des individus des deux sexes se balance à peu près. Il faut attribuer, je crois, cette rupture dans l'équilibre, aux combats acharnés à la suite desquels un des deux rivaux reste mort presque toujours.

Dans la saison des amours, les mâles, irrités par

d'ardents désirs, recherchent la lionne avec fureur. Cette dernière, excitée par les mêmes ardeurs, rugit avec passion et attire ainsi tous les lions d'alentour : de là ces rencontres terribles où la raison du plus fort est toujours la meilleure.

Mêmes désirs, même courage animent les rivaux, et le combat dure jusqu'à ce que l'un d'eux, meurtri, déchiré et affaibli par la perte de son sang, abandonne le champ de bataille pour aller un peu plus loin mourir de ses blessures.

Ces luttes sont très-fréquentes, et c'est à elles, à coup sûr, qu'il faut attribuer la disproportion qui existe entre les deux sexes.

L'influence de la lune agit sensiblement sur l'espèce et détermine chez elle des maladies presque mensuelles, mais passagères.

Ces maladies, qui se produisent habituellement en pleine lune, durent ordinairement quatre ou cinq jours, pendant lesquels l'animal quitte rarement son repaire et remplit la forêt de ses plaintes formidables.

On a beaucoup parlé du lion mettant à mort des hommes pour les manger ; je dois déclarer ici que je ne crois pas à l'agression spontanée, sauf les deux cas suivants :

1° à l'époque du rut, il se peut fort bien que, sans provocation aucune, l'animal surexcité se jette sur un être humain ;

2° une lionne, qui a des petits qu'elle croira menacés, pourra bien aussi en faire autant.

Quant à manger l'homme tué, je n'hésite pas à nier le fait pour le lion et la panthère de l'Algérie. A l'appui de cette opinion, je dirai que, dans un pays où les sangliers et les troupeaux abondent, les grands félins ne peuvent jamais être littéralement affamés; puis j'ajouterai, ce qui n'est pas très-flatteur pour nous, qu'ils préfèrent à la chair humaine celle des sangliers, bœufs, mulets, chameaux, chevaux, ânes, moutons et chèvres, et enfin je terminerai en affirmant que ce sont les hyènes, à la puissante mâchoire, les chats-tigres, les lynx, les chacals et les ratons, qui dévorent invariablement l'homme tué par le lion ou par la panthère.

Je dois dire cependant que nécessité fait loi et que dès lors, d'accord avec le docteur Livingstone et

Adolphe Delegorgue, je ne serais pas très-éloigné d'admettre qu'un lion *hors d'âge*, incapable par suite de chasser les sangliers ou de franchir lestement les haies des douars, pourrait bien s'adonner à la chasse de l'homme, la trouvant plus facile.

Le lion et la panthère d'Algérie ne grimpent nullement aux arbres comme les chats ; aussi, quoi qu'on en ait pu dire, tout homme perché à plus de quatre mètres de hauteur, c'est-à-dire à l'abri d'un bond, est-il parfaitement hors de danger.

J'ai lu quelque part que le lion, saisissant un bœuf par l'oreille et le fouettant de sa queue nerveuse, le conduisait plus adroitement qu'un boucher, où bon lui semblait ; voici ce que je crois : Sans toucher l'animal, le lion a le talent de le diriger vers un fourré où il est sûr de le dévorer en paix, et il y arrive en lui coupant à propos le chemin de la plaine.

La panthère d'Algérie a des allures assez semblables à celles du lion et semble presque aussi dangereuse que lui quand elle est blessée.

Règle générale : En cas d'abordage avec ces grands félins, on n'échappe à la mort qu'à l'aide d'un heu-

26.

reux concours de circonstances miraculeuses; c'est
ce qui m'est arrivé, ainsi qu'à mon ami Bombonnel ;
ces deux jours-là, saint Hubert a daigné lui-même
s'occuper du salut de ses deux fervents disciples.

Puisse-t-il nous continuer jusqu'à la fin sa toute-
puissante protection ! !

La race léonine est très-multipliée dans l'Aurès et
autour de Batna. La montagne du Bou-Arif, qui a
onze lieues de longueur environ, en est tellement
peuplée, qu'après en avoir tué quatorze, j'ai encore
connaissance de douze qui y restent.

J'ai fait l'évaluation approximative en chiffres des
dégâts causés annuellement par le lion.

En moyenne, il tue par jour un mouton valant
12 fr., soit pour l'année . . . . . . 4,380 fr.

Par mois, un bœuf valant 50 fr. . . 600

Enfin, tous les deux mois un cheval et
un mulet évalués à 400 fr., quoique ce
prix soit souvent dépassé, puisque j'ai vu
des juments valant de 15 à 1,800 fr.,
égorgées par le lion. 2,400

Total pour un lion et pour une année. 7,380 fr.

Puisque dans la seule petite montagne du Bou-Arif j'ai connu vingt-six lions ou lionceaux, on peut supposer, sans exagération, qu'il en existe cinq fois autant dans tout l'Aurès, ce qui porterait à cent trente individus la population léonine de cette montagne. Supposons que, dans ce chiffre, il y ait moitié de lionceaux, quoique bon nombre de ces jeunes soient de force à se pourvoir eux-mêmes, il resterait donc soixante-cinq lions ou lionnes adultes, qui, à 7,380 fr. par tête, prélèveraient l'impôt énorme :

Pour le Bou-Arif, de. .   .   .   . 191,880 fr.

Pour l'Aurès, de 479,700

En tout.   .   .   . 671,580 fr.

Je n'ai pas tenu compte dans mon calcul de la valeur des chameaux qu'égorge le lion à la saison des migrations sahariennes; le nombre en est pourtant assez sensible, puisqu'en un seul jour, entre la Fontaine-Chaude et la montagne d'El-Mader, j'ai pu voir de mes yeux quatre chameaux égorgés par le lion ; or, le prix moyen d'un chameau est de 4 à 500 fr.

Je finis :

Le lion revient toujours à sa proie, s'il n'a pu l'entraîner, à moins qu'il n'ait fait de nouvelles victimes.

On peut donc s'installer près des animaux qu'il a abattus et les garder jusqu'à cinq jours; rarement il trompera, dans ce délai, l'attente du chasseur.

Si pourtant il n'y est pas venu, quittez votre faction ; car la viande est corrompue et le lion a horreur de ce mets nauséabond.

Ces dernières observations s'adressent à ceux de nos collègues en saint Hubert qui seraient tentés d'essayer cette chasse.

A ceux-là, je dirai encore franchement :

Voulez-vous risquer votre vie à cette dangereuse entreprise? Tâtez-vous le pouls, et, la main sur le cœur et sur la conscience, répondez à ces quatre questions :

Êtes-vous bon tireur?

Êtes-vous bon observateur?

Avez-vous du courage et surtout du sang-froid?

Enfin, êtes-vous robuste et à l'épreuve des intempéries et des privations?

Oui. Allez, et que saint Hubert soit avec vous!

Non. Bannissez alors de votre esprit la moindre idée d'une pareille entreprise, car il n'y aurait que folie à affronter un danger avec toutes les chances contre soi.

FIN

TABLE DES MATIÈRES

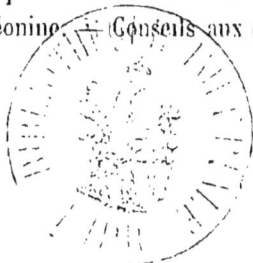

FIN DE LA TABLE DES MATIÈRES

PARIS. — IMP. SIMON RAÇON ET COMP., RUE D'ERFURTH, 1.

27

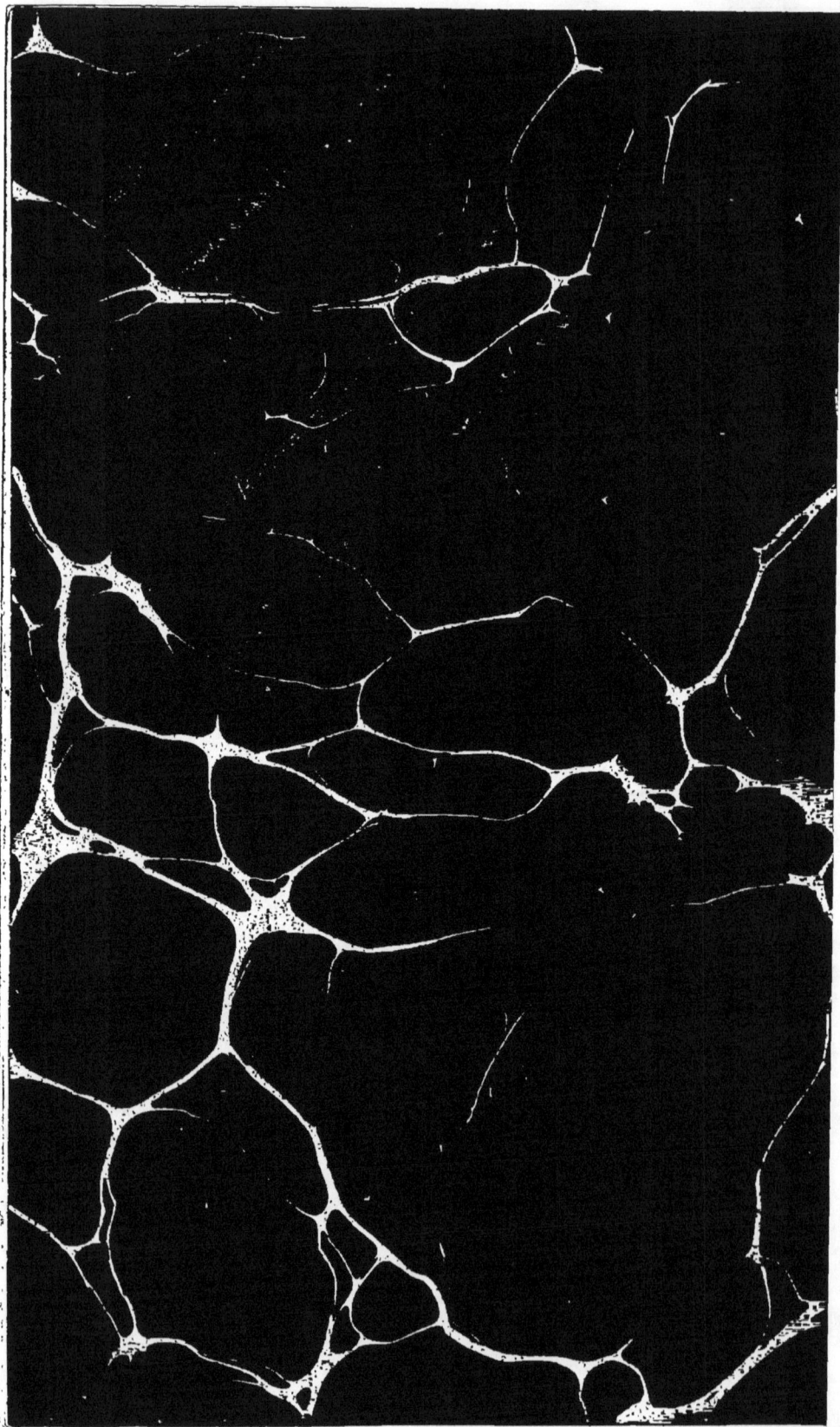

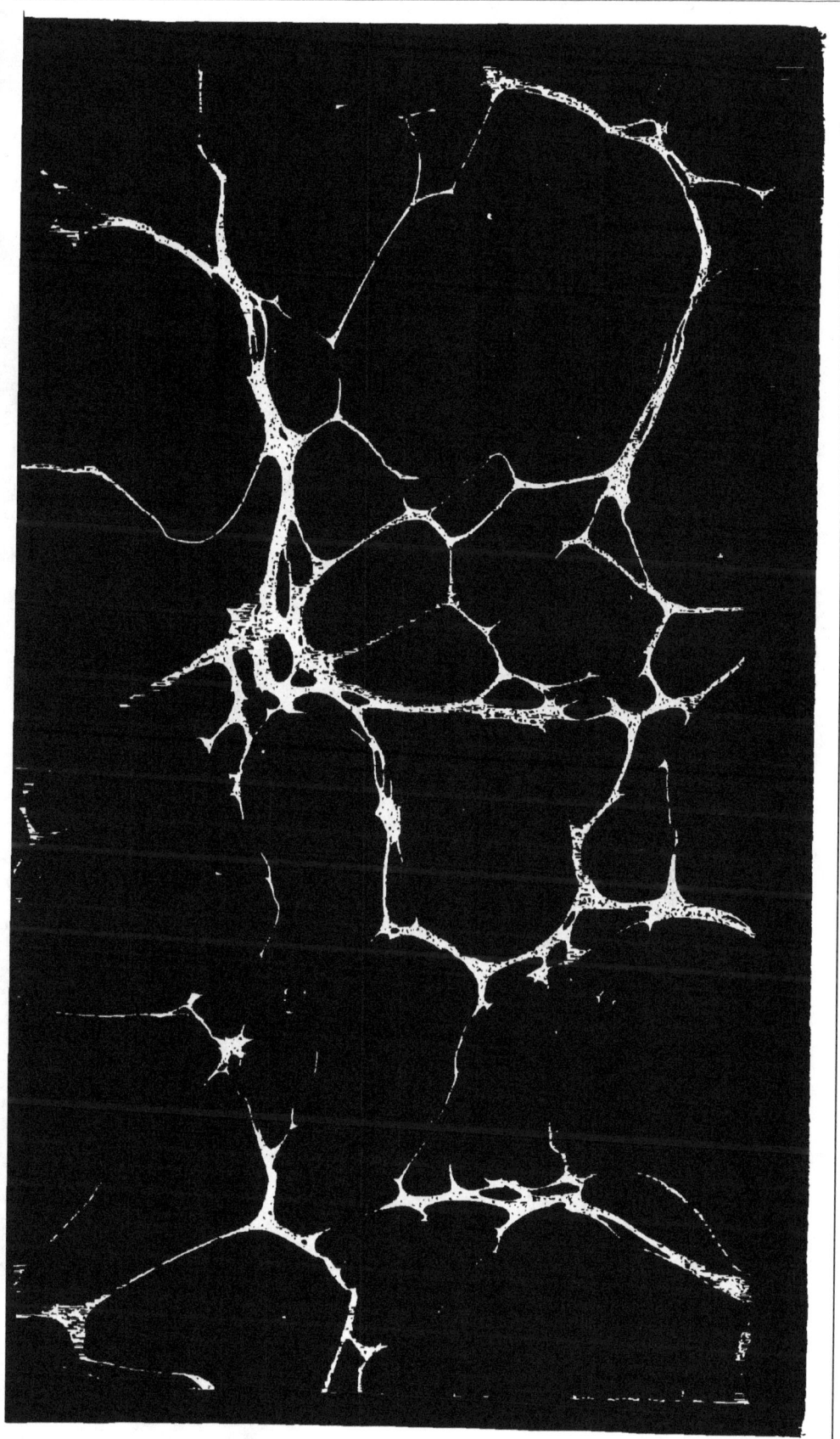

www.ingramcontent.com/pod-product-compliance
Lightning Source LLC
Chambersburg PA
CBHW060359200326
41518CB00009B/1196